(1)

(2) 10, 9, 8, ___, ___, ___, ___, ___, ___, ___, ___

(3)

5 ___ ___ ___ ___ ___

(4) **Im Theater**

10	9	8	7	6	5	4	3	2	1	0
10										

	II	2

Inhaltsverzeichnis

① **Immer zwei Käfer sind gleich. Kreise sie mit derselben Farbe ein.**

② **Professor Flattermann sucht zwei seltene Schmetterlingsarten. Finde sie und verbinde sie mit dem Foto.**

Genug?

1

2

3

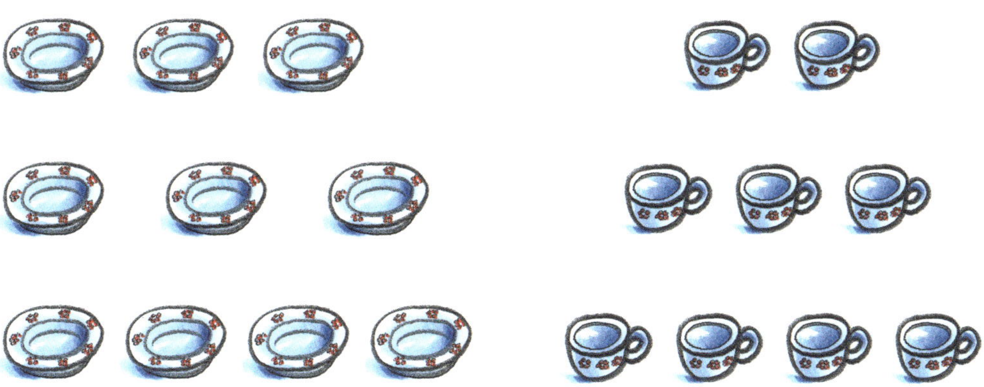

1

2

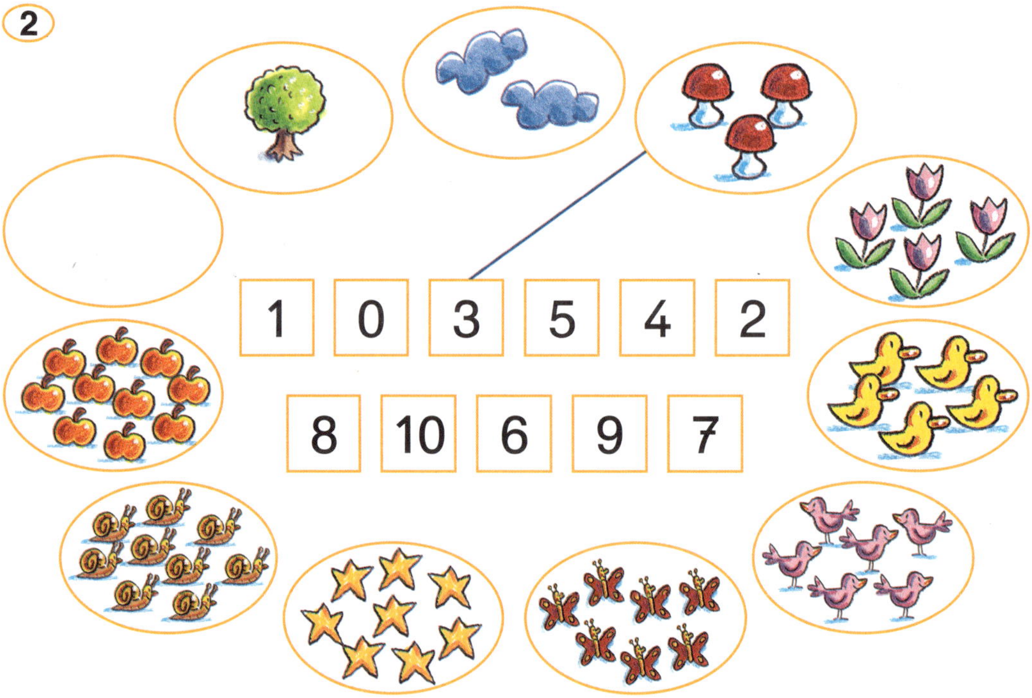

0	1	2	3	4	5	6	7	8	9	1	0
0											

1

1	3	5			11
10	8	6			0
0	2	4			10
12	10	8			2
0	3	6			

2

1	4	7		
9		5		1
9	6			
2	5			

0	1	2	3	4	5	6	7	8	9	10
0										

0	1	2	3	4	5	6	7	8	9	1	0

Wer fährt wo? Zeichne die Fahrwege ein.
(Polizei: , Krankenwagen: ,
Abschleppwagen:)

1 Wie viele sind es?

a)

b)

2 Erkennst du die Zahl auf einen Blick?

a)

b)

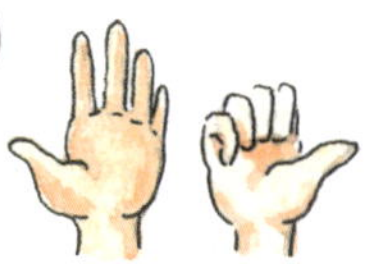

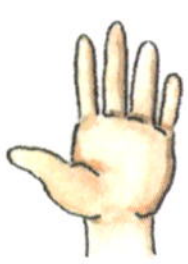

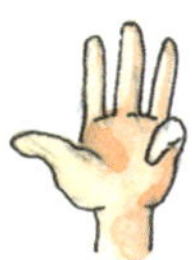

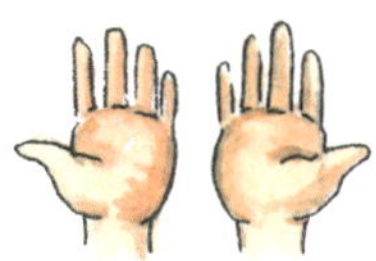

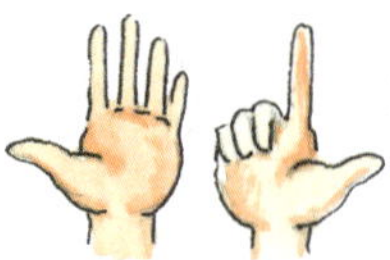

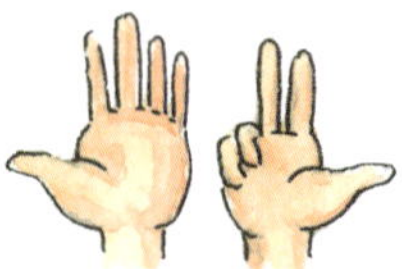

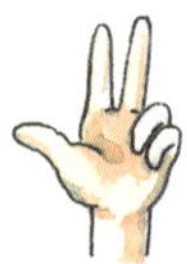

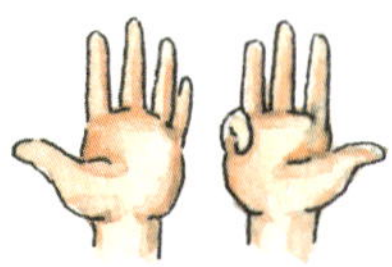

3 Zahlen im Zwanzigerfeld

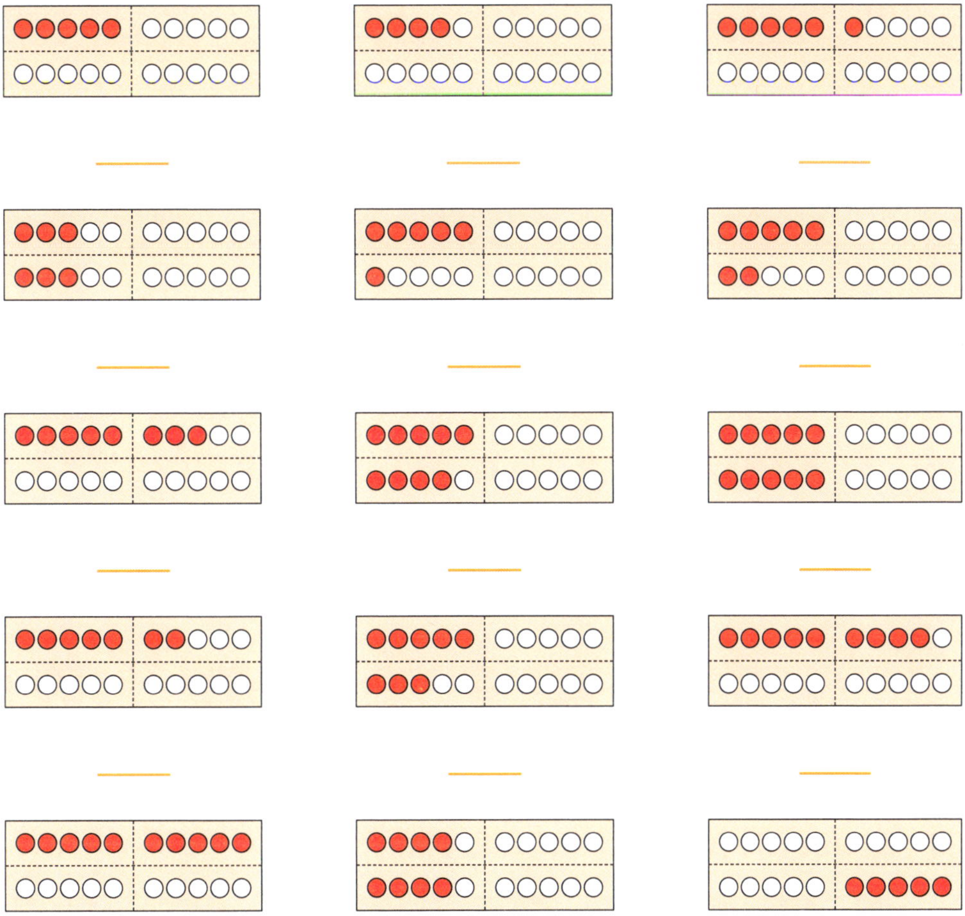

4 Kleine Knobelei

Immer 5, immer anders: Male.

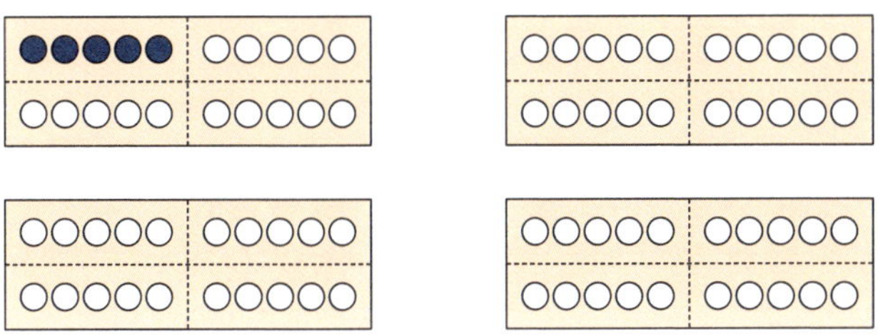

1 **Welche Teile ergeben genau diese Stange? Kreise ein.**

a)
b)
c)

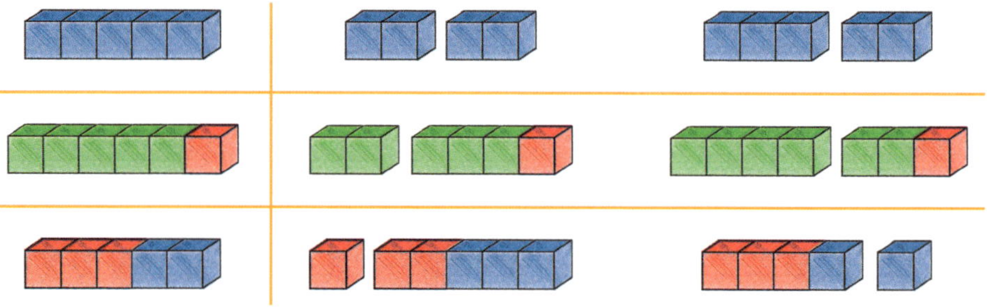

2 **Kreise die passenden Teile ein.**

a)
b)
c)

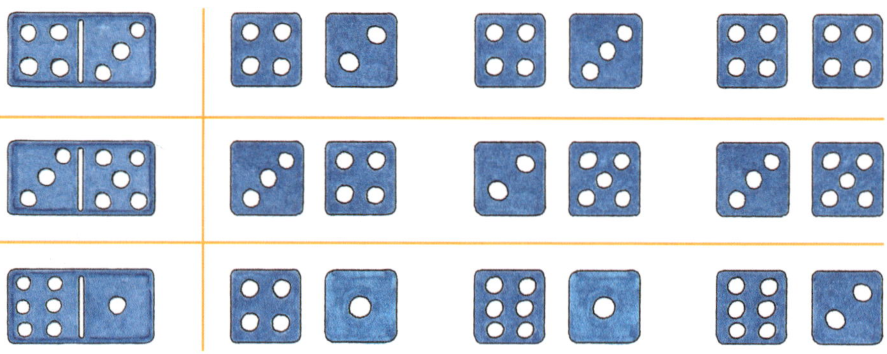

3 **Kreise die passenden Teile ein.**

a)
b)
c)

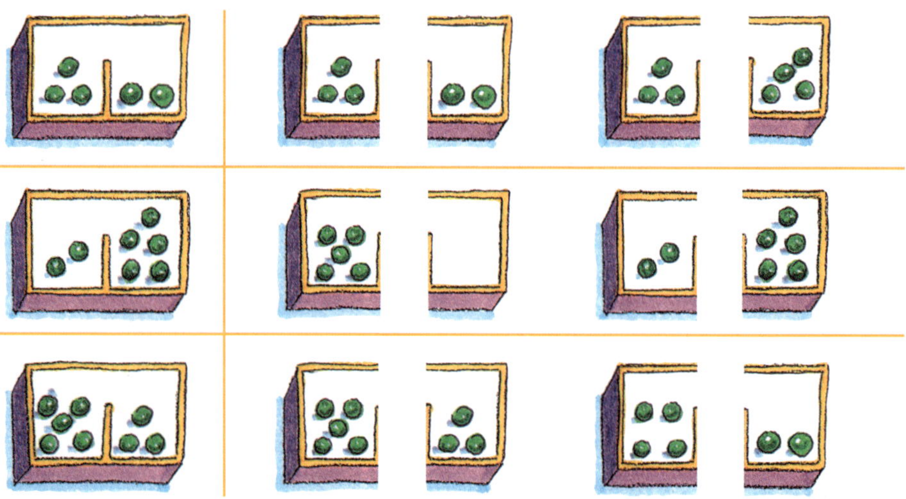

1 **Wie viele fehlen? Zeichne und schreibe auf.**

a)

1 + ___   ___ + ___   ___ + ___

b)

5 + ___   ___ + ___   ___ + ___

c)

___ + ___   ___ + ___   ___ + ___

d)

___ + ___   ___ + ___   ___ + ___

2 **Kleine Knobelei**
Welche Schachtel hat Bim?
Zeichne und schreibe auf.

___ + ___   ___ + ___

1 Suche die Nachbarn.

a) Welche Zahl kommt nach …?

5	___	8	___
6	___	10	___
1	___	7	___
3	___	9	___

b) Welche Zahl kommt vor …?

___	2	___	9
___	3	___	7
___	10	___	5
___	6	___	1

c) Welche Zahl steht zwischen …?

3	___	5	1	___	3	7	___	9
0	___	2	8	___	10	5	___	7
4	___	6	2	___	4	6	___	8
9	___	11	10	___	12			

2 Ergänze.

a)

Vorgänger	Zahl	Nachfolger
	6	
	9	
	3	
	5	
	8	

b)

Vorgänger	Zahl	Nachfolger
	5	
	4	
	7	
	2	
	10	

1 **Vergleiche die Türme.**
Setze ein: < = >

a)

5 (<) ___ ___ ◯ ___ ___ ◯ ___

b)

___ ◯ ___ ___ ◯ ___ ___ ◯ ___

2 **Setze ein: < = >**

a) 5 ◯ 9
10 ◯ 8
2 ◯ 2

b) 8 ◯ 6
7 ◯ 5
3 ◯ 8

c) 3 ◯ 2
3 ◯ 3
3 ◯ 4

3 **Setze auch hier > und < richtig ein.**

a) 1 (<) 2 ◯ 3 7 ◯ 8 ◯ 9 ◯ 10

b) 10 ◯ 9 ◯ 8 6 ◯ 5 ◯ 4 ◯ 3

Zahlen zerlegen (1)

1 Immer 5

5

5 + 0

3 + ☐

☐ + ☐

☐ + ☐

☐ + ☐

0 + ☐

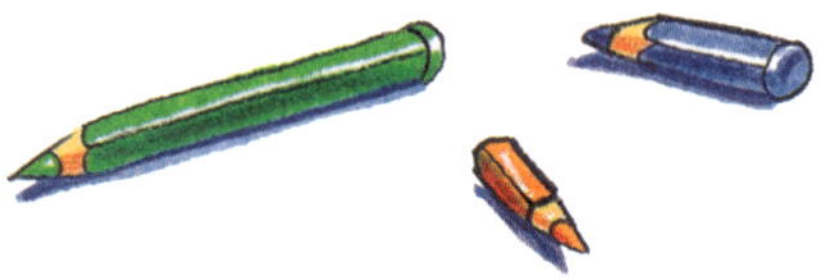

2 Immer 6

6

5 + ☐

☐ + ☐

☐ + ☐

☐ + ☐

☐ + ☐

0 + ☐

☐ + ☐

3 Ergänze.

a) 5: 4 + ☐ | 5: 2 + ☐ | 5: 0 + ☐ | 5: 3 + ☐

b) 6: ☐ + 5 | 6: ☐ + 3 | 6: 6 + ☐ | 6: 2 + ☐

4 Immer 7

7

- 5 + ___
- ___ + ___
- ___ + ___
- ___ + ___
- 0 + ___
- ___ + ___
- ___ + ___
- ___ + ___

5 Immer 8

8

- 4 + ___
- ___ + ___
- ___ + ___
- ___ + ___
- ___ + ___
- ___ + ___
- 0 + ___
- ___ + ___
- ___ + ___

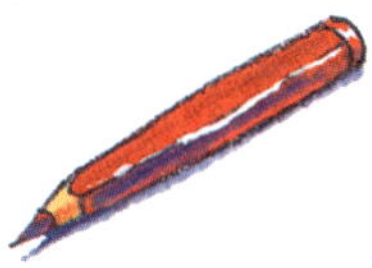

6 Kleine Knobelei

Welche Zahlen wurden hier zerlegt? Schreibe auf.

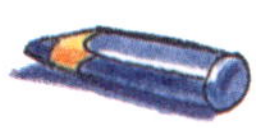

- 1 + 4
- 6 + 1
- 4 + 2
- 4 + 4

Welcher Schatten gehört zu welcher Figur?
Verbinde.

1 **Immer 9**

9

●●●●● ●●●●○ / ○○○○○ ○○○○○	5 + ☐
●●●●● ●●●○○ / ○○○○○ ○○○○○	☐ + ☐
●●○○○ ○○○○○ / ○○○○○ ○○○○○	☐ + ☐
●●●●● ●●●●○ / ○○○○○ ○○○○○	☐ + ☐
●●●●○ ○○○○○ / ○○○○○ ○○○○○	☐ + ☐
●○○○○ ○○○○○ / ○○○○○ ○○○○○	☐ + ☐
○○○○○ ○○○○○ / ○○○○○ ○○○○○	0 + ☐
●●●○○ ○○○○○ / ○○○○○ ○○○○○	☐ + ☐
●●●●● ●●○○○ / ○○○○○ ○○○○○	☐ + ☐
●●●●● ●○○○○ / ○○○○○ ○○○○○	☐ + ☐

2 **Immer 10**

10

●●●●● ●●●●● / ○○○○○ ○○○○○	9 + 1
●●●●● ○○○○○ / ○○○○○ ○○○○○	☐ + ☐
●●●●● ●●●●● / ○○○○○ ○○○○○	☐ + ☐
●●●●○ ○○○○○ / ○○○○○ ○○○○○	☐ + ☐
●●○○○ ○○○○○ / ○○○○○ ○○○○○	☐ + ☐
●●●●● ●○○○○ / ○○○○○ ○○○○○	☐ + ☐
●○○○○ ○○○○○ / ○○○○○ ○○○○○	☐ + ☐
○○○○○ ○○○○○ / ○○○○○ ○○○○○	0 + ☐
●●●○○ ○○○○○ / ○○○○○ ○○○○○	☐ + ☐
●●●●● ●●○○○ / ○○○○○ ○○○○○	☐ + ☐
●●●●● ●●●○○ / ○○○○○ ○○○○○	☐ + ☐

3 **Ergänze.**

6	8	10	9
3 + ☐	4 + ☐	5 + ☐	5 + ☐

① **Wie heißen die Rechnungen?**

a)

2 + 3 = ___ ___ + ___ = ___ ___ + ___ = ___

b)

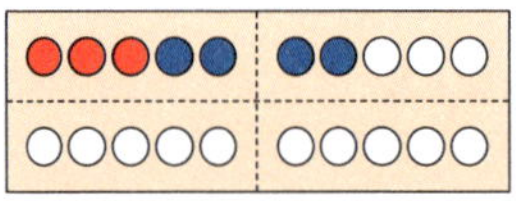 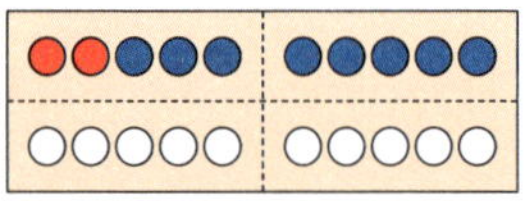 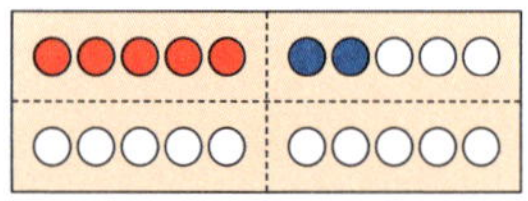

3 + ___ = ___ ___ + ___ = ___ ___ + ___ = ___

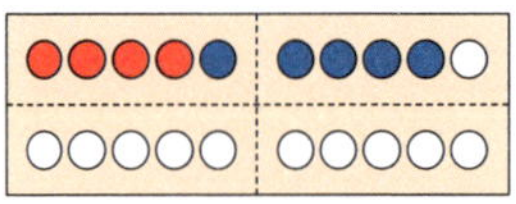 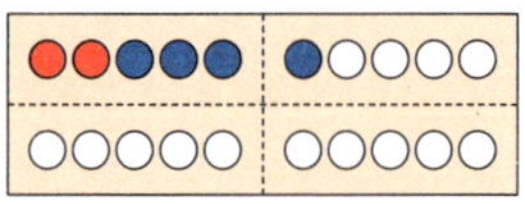 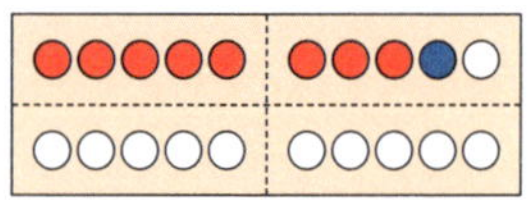

___ + ___ = ___ ___ + ___ = ___ ___ + ___ = ___

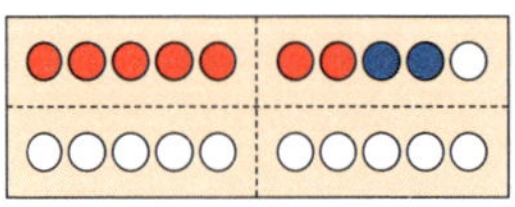 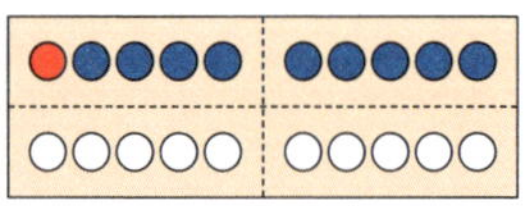 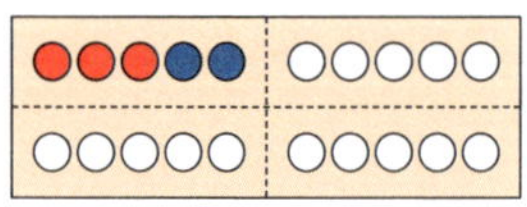

___ + ___ = ___ ___ + ___ = ___ ___ + ___ = ___

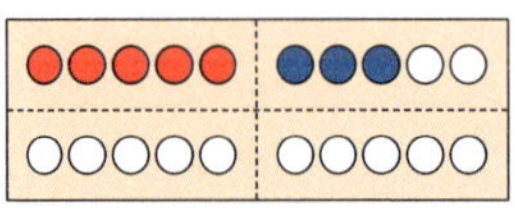 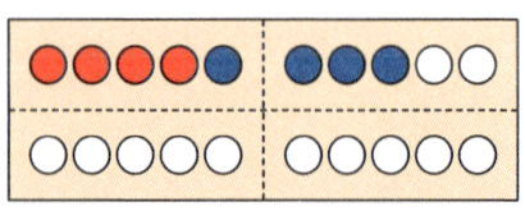 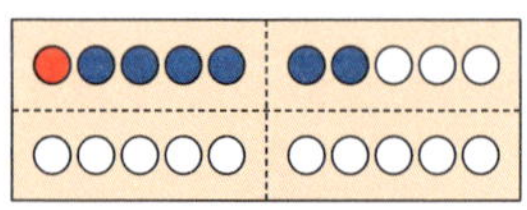

___ + ___ = ___ ___ + ___ = ___ ___ + ___ = ___

② Male und rechne.

a)

$3 + 5 =$ ___

$5 + 4 =$ ___

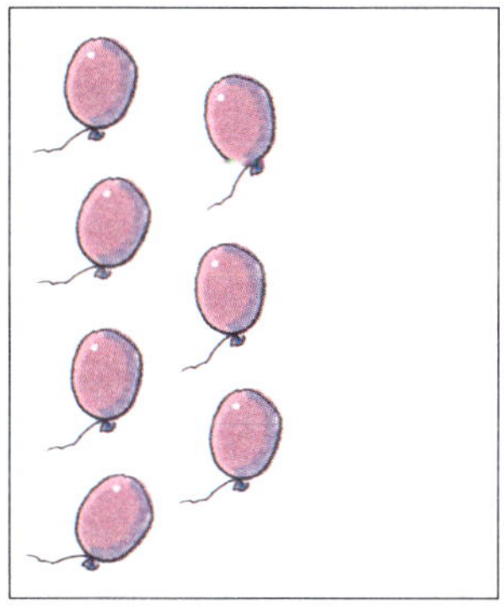

$7 + 3 =$ ___

b)

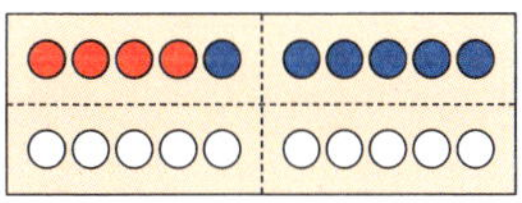

$4 + 6 =$ ___

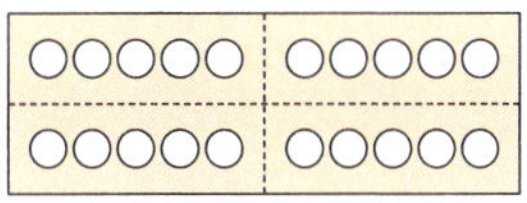

$1 + 7 =$ ___

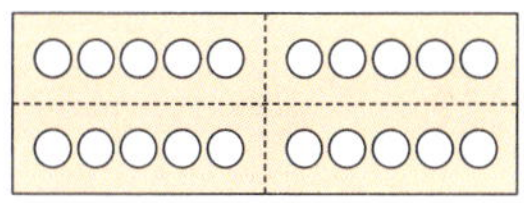

$3 + 3 =$ ___

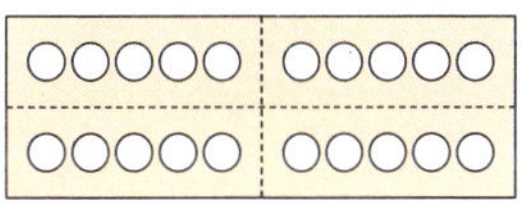

$6 + 2 =$ ___

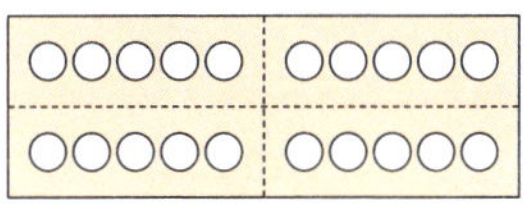

$1 + 5 =$ ___

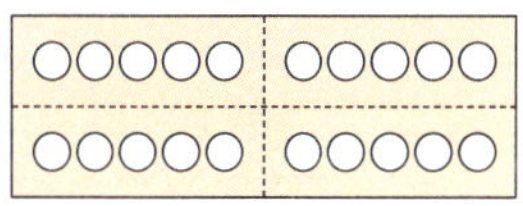

$9 + 0 =$ ___

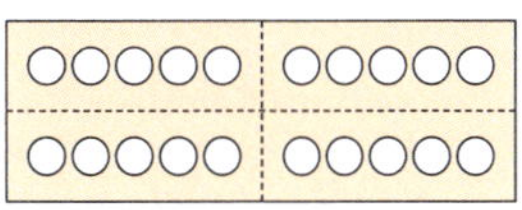

$4 + 1 =$ ___

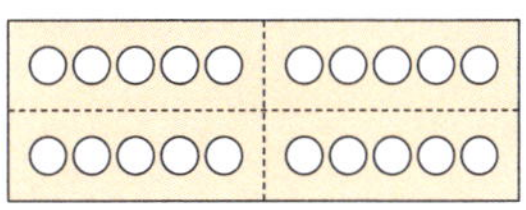

$0 + 2 =$ ___

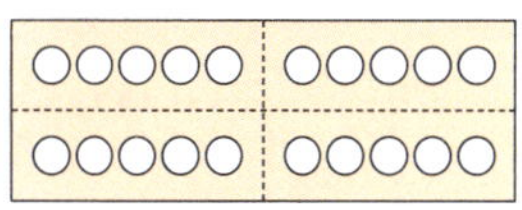

$2 + 7 =$ ___

③

$3 + 7 =$ ___
$5 + 2 =$ ___
$6 + 3 =$ ___

$9 + 1 =$ ___
$2 + 7 =$ ___
$5 + 0 =$ ___

$6 + 4 =$ ___
$0 + 8 =$ ___
$1 + 8 =$ ___

Suche die Kinder im Bild. Kreise ein.

Andreas Sarah Tim Paula Simon

6 + 2 = …

2 + 6 = …

1

1 + 2 = ___

2 + 1 = ___

2 + 3 = ___

3 + 2 = ___

4 + 5 = ___

5 + 4 = ___

2

3 + ___ = ___

6 + ___ = ___

1 + ___ = ___

3 + ___ = ___

2 + ___ = ___

4 + ___ = ___

5 + ___ = ___

2 + ___ = ___

5 + ___ = ___

3 + ___ = ___

6 + ___ = ___

1 + ___ = ___

3

___ + ___ = ___

___ + ___ = ___

___ + ___ = ___

___ + ___ = ___

___ + ___ = ___

___ + ___ = ___

① Wie heißen die Rechnungen?

a)

4 – ___ = ___ ___ – ___ = ___ ___ – ___ = ___

b)

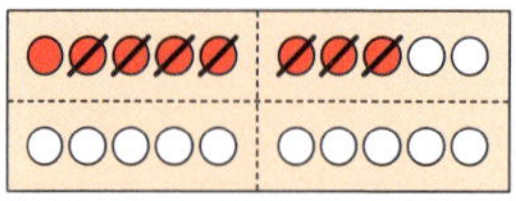 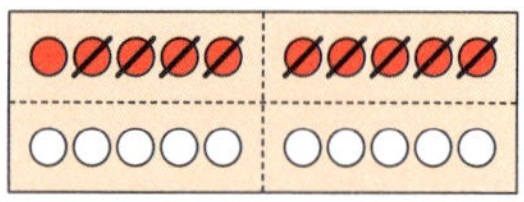 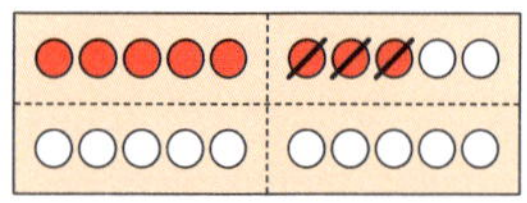

8 – ___ = ___ ___ – ___ = ___ ___ – ___ = ___

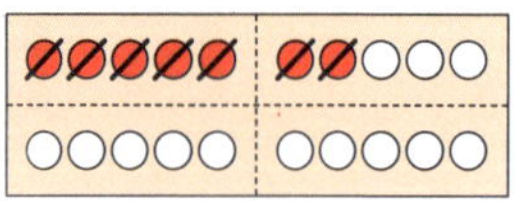 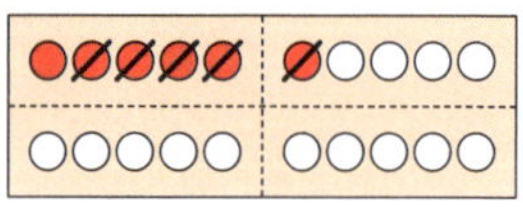 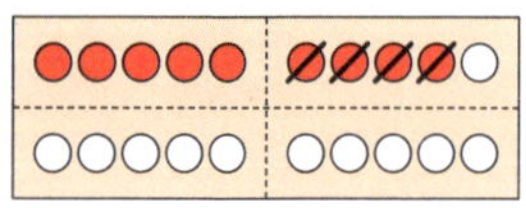

___ – ___ = ___ ___ – ___ = ___ ___ – ___ = ___

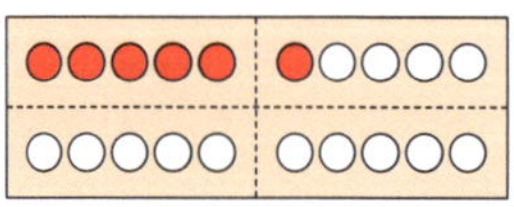 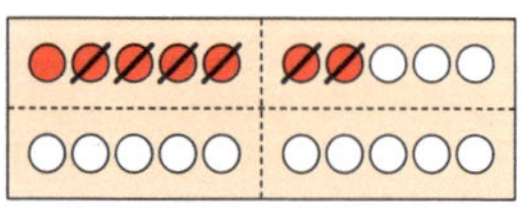 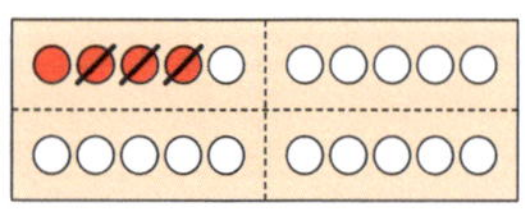

___ – ___ = ___ ___ – ___ = ___ ___ – ___ = ___

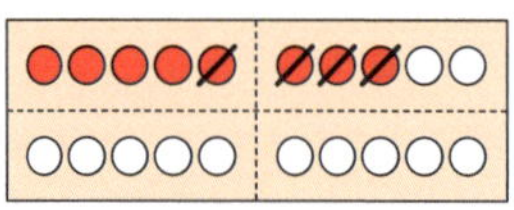 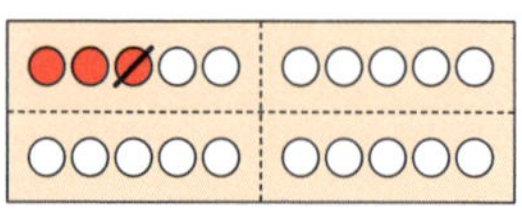 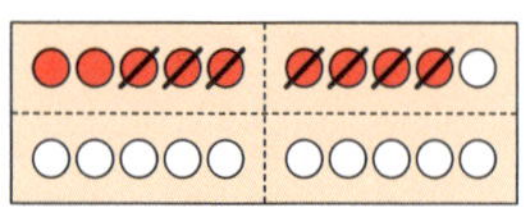

___ – ___ = ___ ___ – ___ = ___ ___ – ___ = ___

② **Wie heißen die Rechnungen?**

6 – ___ = ___

___ – ___ = ___

___ – ___ = ___

③ **Streiche weg.**

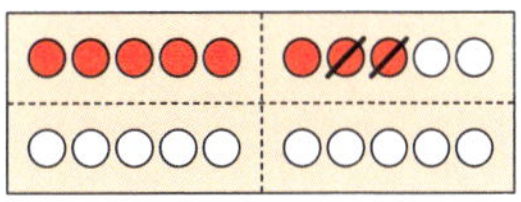

8 – 2 = ___

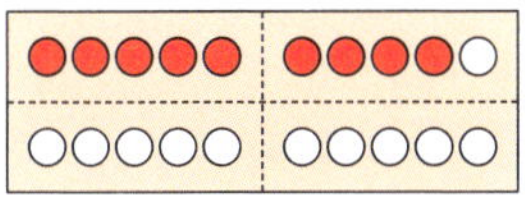

9 – 6 = ___

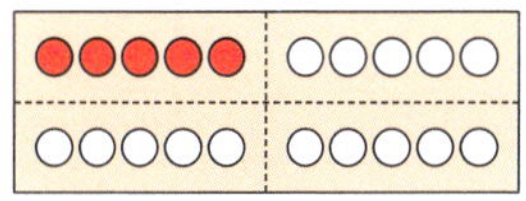

5 – 5 = ___

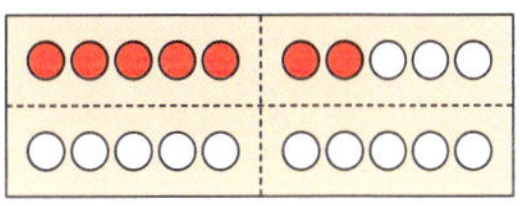

7 – 1 = ___

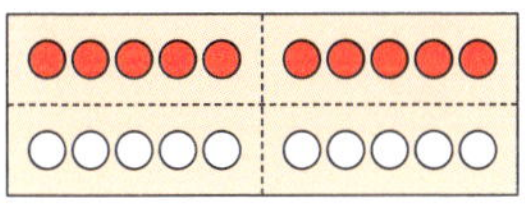

10 – 7 = ___

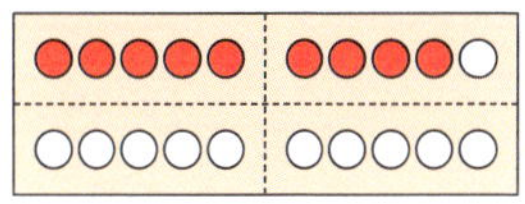

9 – 9 = ___

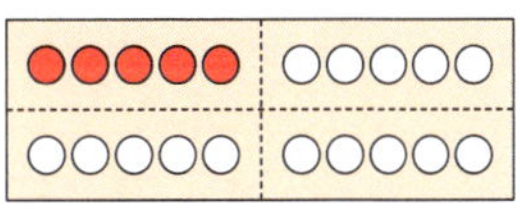

5 – 4 = ___

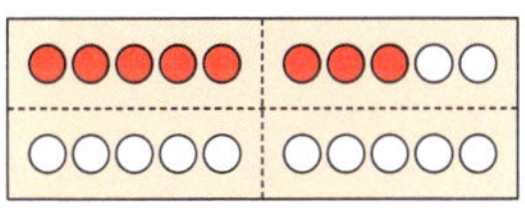

8 – 5 = ___

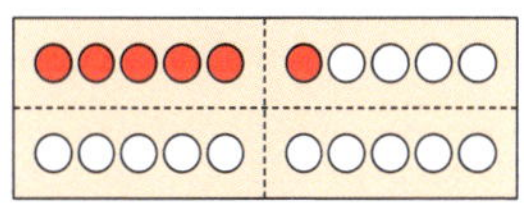

6 – 4 = ___

④ **Rechne.**

8 – 0 = ___
6 – 3 = ___
5 – 3 = ___

7 – 2 = ___
10 – 5 = ___
8 – 3 = ___

9 – 8 = ___
7 – 4 = ___
9 – 4 = ___

① Welcher Klecks kommt aus welcher Tube?
Male an.

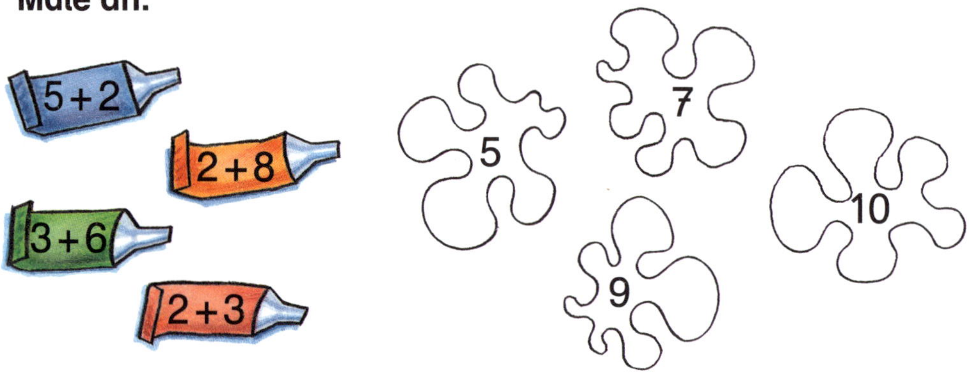

② Färbe nur die Aufgaben, die zum Ergebnis passen.

a) **8**

4 + 5 | 4 + 4 | 4 + 3 | 6 + 4 | 1 + 7 | 6 + 2 | 2 + 6 | 2 + 7

b) **7**

4 + 3 | 3 + 4 | 5 + 2 | 2 + 5 | 3 + 5 | 6 + 3 | 4 + 4 | 2 + 4

③ Tauschaufgaben

a)

4 + 3 = ___	6 + 2 = ___	5 + 4 = ___
3 + 4 = ___	2 + 6 = ___	4 + 5 = ___

b)

2 + 5 = ___	7 + 3 = ___	1 + 5 = ___
___ + ___ = ___	___ + ___ = ___	___ + ___ = ___

c)

7 + 2 = ___	6 + 4 = ___	5 + 3 = ___
___ + ___ = ___	___ + ___ = ___	___ + ___ = ___

1 **Welcher Ball gehört in welchen Korb? Verbinde.**

9 – 2   6 – 4   8 – 5   7 – 6

3   7   1   2

2 **Färbe nur die Aufgaben, die zum Ergebnis passen.**

a) **4**

6 – 2   9 – 4
5 – 1   10 – 6
6 – 3   8 – 3
7 – 3   8 – 4

b) **2**

6 – 4   7 – 4
6 – 5   9 – 6
9 – 7   8 – 6
4 – 2   5 – 3

3 **Rechne und suche jeweils die nächsten beiden Aufgaben.**

a)	b)	c)
8 – 2 = ___	7 – 3 = ___	7 – 3 = ___
7 – 2 = ___	6 – 3 = ___	7 – 4 = ___
6 – 2 = ___	5 – 3 = ___	7 – 5 = ___
______	______	______
______	______	______

Ergänze, was fehlt.

+2
0 + 2 = ___
1 + 2 = ___
2 + 2 = ___
3 + ___ = ___
4 + ___ = ___
5 + ___ = ___
6 + ___ = ___
7 + ___ = ___
8 + ___ = ___

+3
0 + 3 = ___
1 + 3 = ___
2 + ___ = ___
3 + ___ = ___
___ + ___ = ___
___ + ___ = ___
___ + ___ = ___
___ + ___ = ___

+4
0 + 4 = ___
1 + ___ = ___
2 + ___ = ___
___ + ___ = ___
___ + ___ = ___
___ + ___ = ___
___ + ___ = ___

+5
0 + ___ = ___
1 + ___ = ___
2 + ___ = ___
___ + ___ = ___
___ + ___ = ___
___ + ___ = ___

+6
0 + 6 = ___
1 + 6 = ___
2 + 6 = ___
3 + ___ = ___
4 + ___ = ___

+7
0 + 7 = ___
1 + 7 = ___
2 + ___ = ___
___ + ___ = ___

+8
0 + 8 = ___
1 + ___ = ___
___ + ___ = ___

+9
0 + ___ = ___
___ + ___ = ___

Lerne die 1+1-Aufgaben auswendig.

Lerne auch diese Aufgaben auswendig.

Ergänze, was fehlt.

−2
2 − 2 = ___
3 − 2 = ___
4 − 2 = ___
5 − ___ = ___
6 − ___ = ___
7 − ___ = ___
8 − ___ = ___
9 − ___ = ___
10 − ___ = ___

−3
3 − 3 = ___
4 − 3 = ___
5 − ___ = ___
6 − ___ = ___
___ − ___ = ___
___ − ___ = ___
___ − ___ = ___
___ − ___ = ___

−4
4 − 4 = ___
5 − ___ = ___
6 − ___ = ___
___ − ___ = ___
___ − ___ = ___
___ − ___ = ___
___ − ___ = ___

−5
5 − ___ = ___
6 − ___ = ___
7 − ___ = ___
___ − ___ = ___
___ − ___ = ___
___ − ___ = ___

−6
6 − 6 = ___
7 − 6 = ___
8 − 6 = ___
9 − ___ = ___
10 − ___ = ___

−7
7 − 7 = ___
8 − 7 = ___
9 − ___ = ___
___ − ___ = ___

−8
8 − 8 = ___
9 − ___ = ___
___ − ___ = ___

−9
9 − ___ = ___
___ − ___ = ___

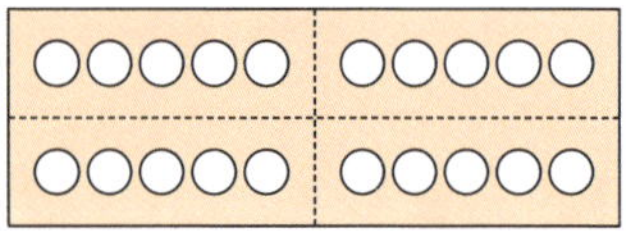

①

4 + 1 = ___	2 + 2 = ___	2 + 3 = ___
5 + 3 = ___	4 + 2 = ___	5 + 2 = ___
4 + 4 = ___	3 + 4 = ___	7 + 2 = ___
1 + 1 = ___	6 + 2 = ___	3 + 1 = ___

②

9 + 1 = ___	5 + 4 = ___	1 + 8 = ___
6 + 3 = ___	0 + 0 = ___	9 + 0 = ___
4 + 6 = ___	3 + 5 = ___	3 + 2 = ___
0 + 5 = ___	1 + 4 = ___	5 + 5 = ___

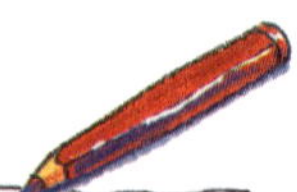

③ **Ergänze.**

1 + ___ = 3	3 + ___ = 6	0 + ___ = 5
0 + ___ = 9	2 + ___ = 9	3 + ___ = 3
2 + ___ = 8	8 + ___ = 8	4 + ___ = 7
4 + ___ = 9	1 + ___ = 10	3 + ___ = 10

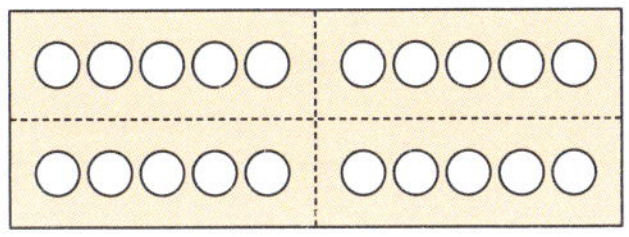

1

4 – 1 = ___	2 – 2 = ___	9 – 3 = ___
5 – 3 = ___	4 – 2 = ___	5 – 2 = ___
4 – 4 = ___	7 – 4 = ___	7 – 2 = ___
5 – 1 = ___	6 – 2 = ___	3 – 1 = ___

2

9 – 1 = ___	5 – 4 = ___	9 – 8 = ___
6 – 3 = ___	0 – 0 = ___	9 – 0 = ___
8 – 6 = ___	9 – 5 = ___	3 – 2 = ___
7 – 5 = ___	8 – 4 = ___	5 – 5 = ___

3 **Ergänze.**

7 – ___ = 5	3 – ___ = 0	8 – ___ = 5
6 – ___ = 5	9 – ___ = 2	3 – ___ = 3
5 – ___ = 1	8 – ___ = 8	4 – ___ = 1
9 – ___ = 7	6 – ___ = 2	7 – ___ = 4

Im unteren Bild sind 8 Fehler versteckt. Kreise sie ein.

Lösungen Mathe-Stars 1 Grundwissen

(zum Heraustrennen die mittlere Klammer lösen)

Genau hinschauen (1)

① **Immer zwei Käfer sind gleich. Kreise sie mit derselben Farbe ein.**

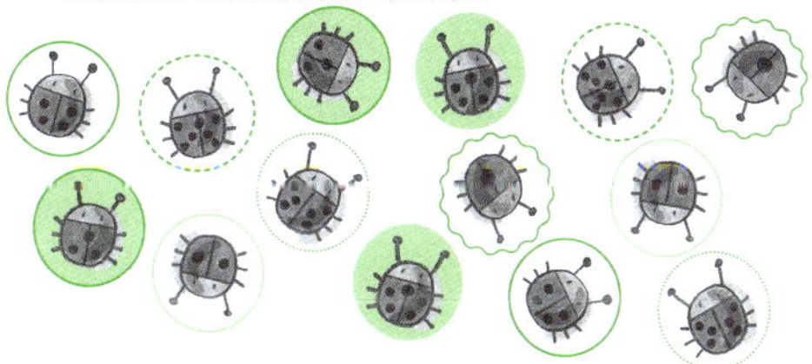

② **Professor Flattermann sucht zwei seltene Schmetterlingsarten. Finde sie und verbinde sie mit dem Foto.**

Genug?

①

②

③

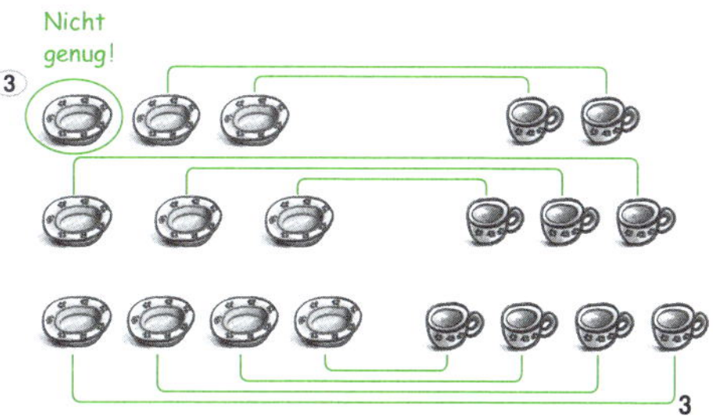

Vorwärts zählen

①

②

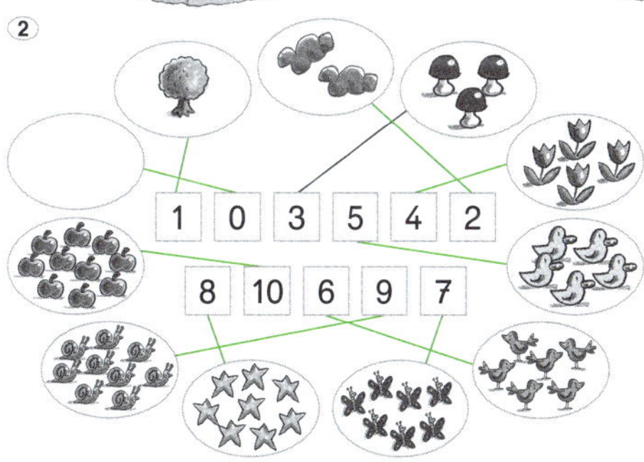

0	1	2	3	4	5	6	7	8	9	10
0	1	2	3	4	5	6	7	8	9	10

Rückwärts zählen

①

② 10, 9, 8, 7, 6, 5, 4, 3, 2, 1, 0

③

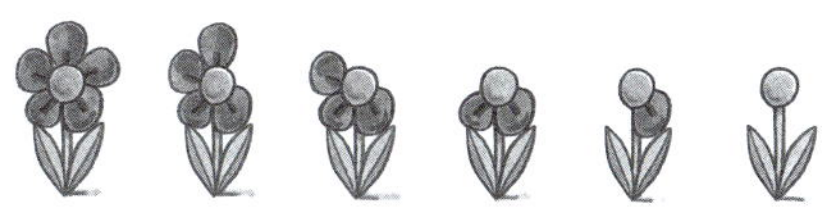

5 4 3 2 1 0

④ **Im Theater**

10	9	8	7	6	5	4	3	2	1	0
10	9	8	7	6	5	4	3	2	1	0

	||	2		|||	3
	||||| ||||	9			0
	||||| |	6		||||| ||	7
	||||	4		|||||	5
	||||| |||	8		|	1

1

1	3	5	7	9	11
10	8	6	4	2	0
0	2	4	6	8	10
12	10	8	6	4	2
0	3	6	9	12	

2

1	4	7	10	13
9	7	5	3	1
9	6	3	0	
2	5	8	11	

0	1	2	3	4	5	6	7	8	9	1	0
0	1	2	3	4	5	6	7	8	9	1	0

0 1 2 3 4 5 6 7 8 9 10

10 9 8 7 6 5 4 3 2 1 0

1 2 3 4 5 6 7 8 9 10 11

2 3 4 5 6 7 8 9 10 11 12

4 5 6 7 8 9 10 11 12 13 14

9 8 7 6 5 4 3 2 1 0

0 1 2 3 4 5 6 7 8

7 6 5 4 3 2 1 0

0	1	2	3	4	5	6	7	8	9	1	0
0	1	2	3	4	5	6	7	8	9	1	0

Wer fährt wo? Zeichne die Fahrwege ein.
(Polizei: , Krankenwagen: , Abschleppwagen:)

1 Wie viele sind es?

a) 4 6 5

b) 5 3 4

2 Erkennst du die Zahl auf einen Blick?

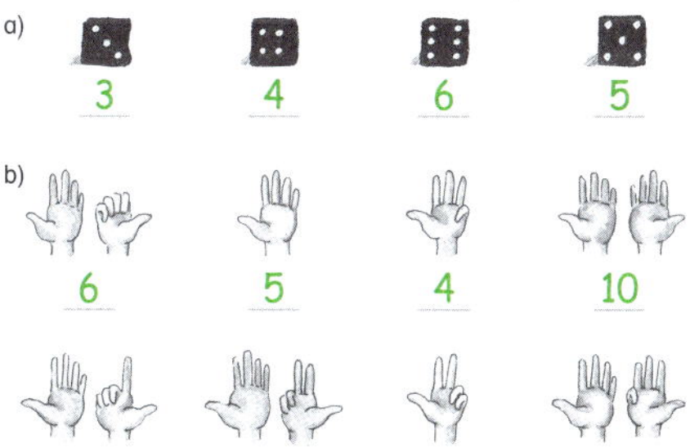

a) 3 4 6 5

b) 6 5 4 10

7 8 3 9

3 Zahlen im Zwanzigerfeld

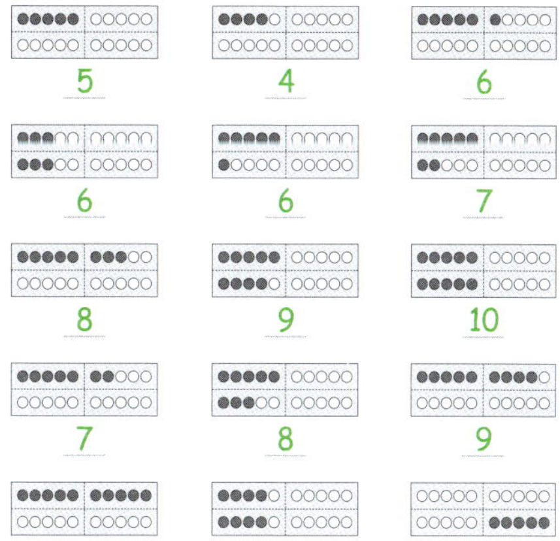

5 4 6

6 6 7

8 9 10

7 8 9

10 8 5

4 Kleine Knobelei
Immer 5, immer anders: Male.

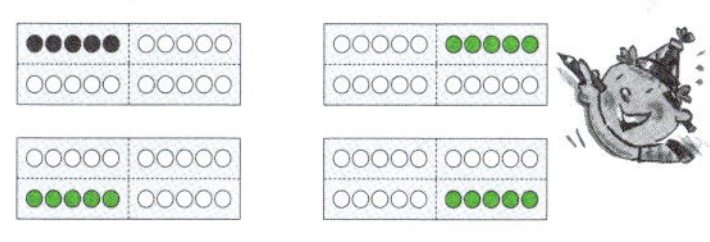

1 Welche Teile ergeben genau diese Stange? Kreise ein.

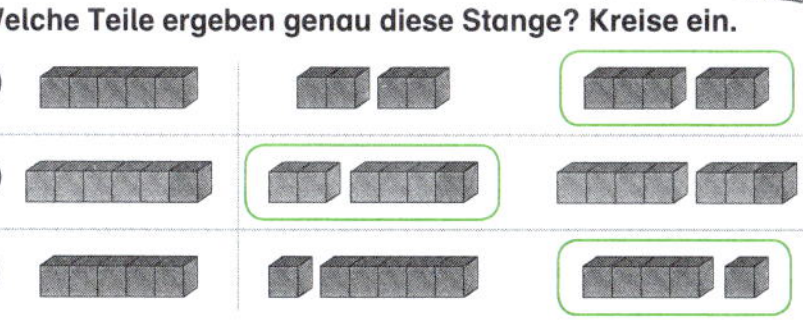

a)

b)

c)

2 Kreise die passenden Teile ein.

a)

b)

c)

3 Kreise die passenden Teile ein.

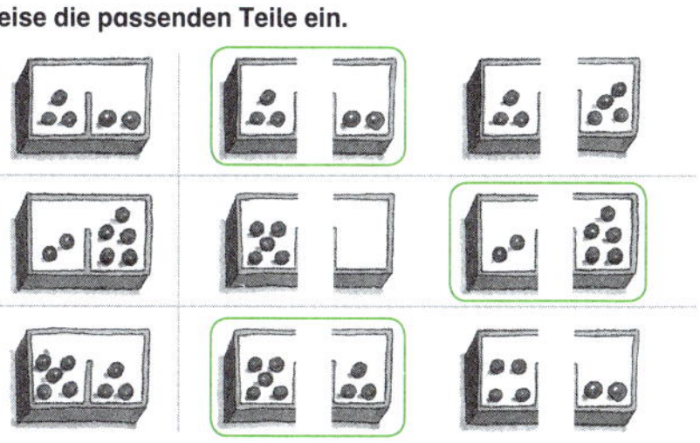

a)

b)

c)

1 Wie viele fehlen? Zeichne und schreibe auf.

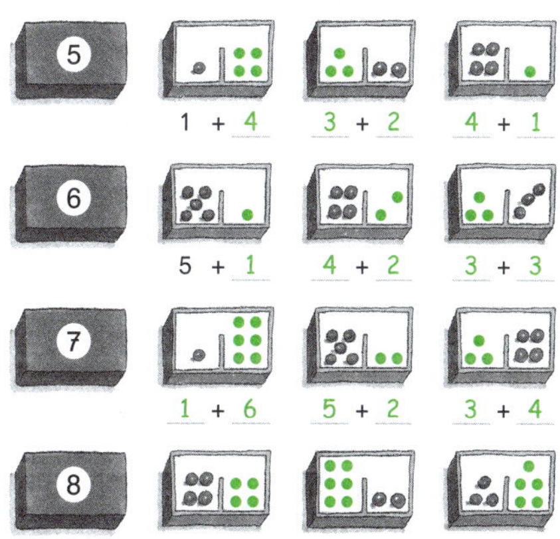

a) 1 + 4 3 + 2 4 + 1

b) 5 + 1 4 + 2 3 + 3

c) 1 + 6 5 + 2 3 + 4

d) 4 + 4 6 + 2 3 + 5

2 Kleine Knobelei
Welche Schachtel hat Bim?
Zeichne und schreibe auf.

Ich schüttle und schüttle, aber ein Teil der Schachtel bleibt immer leer.

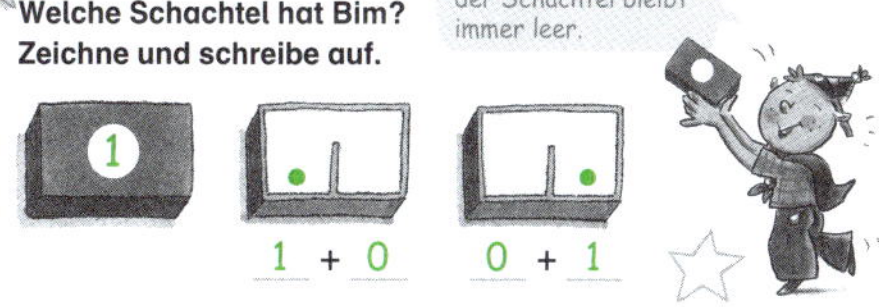

1 + 0 0 + 1

① **Suche die Nachbarn.**

a) Welche Zahl kommt nach …?

5	6	8	9
6	7	10	11
1	2	7	8
3	4	9	10

b) Welche Zahl kommt vor …?

1	2	8	9
2	3	6	7
9	10	4	5
5	6	0	1

c) Welche Zahl steht zwischen …?

3	4	5	1	2	3	7	8	9
0	1	2	8	9	10	5	6	7
4	5	6	2	3	4	6	7	8
9	10	11	10	11	12			

② **Ergänze.**

a)

Vorgänger	Zahl	Nachfolger
5	6	7
8	9	10
2	3	4
4	5	6
7	8	9

b)

Vorgänger	Zahl	Nachfolger
4	5	6
3	4	5
6	7	8
1	2	3
9	10	11

① **Vergleiche die Türme.**
Setze ein: < = >

Weißt du noch?
< „ist kleiner als"
= „ist gleich"
> „ist größer als"

a)

5 < 6   6 > 4   3 = 3

b)

6 = 6   3 < 4   5 > 3

② **Setze ein: < = >**

a) 5 < 9
10 > 8
2 = 2

b) 8 > 6
7 > 5
3 < 8

c) 3 > 2
3 = 3
3 < 4

③ **Setze auch hier > und < richtig ein.**

a) 1 < 2 < 3   7 < 8 < 9 < 10

b) 10 > 9 > 8   6 > 5 > 4 > 3

① **Immer 5**

5
5 + 0
3 + 2
4 + 1
2 + 3
1 + 4
0 + 5

② **Immer 6**

6
5 + 1
6 + 0
3 + 3
4 + 2
1 + 5
0 + 6
2 + 4

③ **Ergänze.**

a) 5: 4 + 1   5: 2 + 3   5: 0 + 5   5: 3 + 2

b) 6: 1 + 5   6: 3 + 3   6: 6 + 0   6: 2 + 4

④ **Immer 7**

7
5 + 2
6 + 1
7 + 0
4 + 3
0 + 7
1 + 6
3 + 4
2 + 5

⑤ **Immer 8**

8
4 + 4
5 + 3
2 + 6
8 + 0
1 + 7
3 + 5
0 + 8
6 + 2
7 + 1

⑥ **Kleine Knobelei**
Welche Zahlen wurden hier zerlegt? Schreibe auf.

5: 1 + 4   7: 6 + 1   6: 4 + 2   8: 4 + 4

Welcher Schatten gehört zu welcher Figur? Verbinde.

① **Immer 9**

9

5 + 4
8 + 1
2 + 7
9 + 0
4 + 5
1 + 8
0 + 9
3 + 6
7 + 2
6 + 3

② **Immer 10**

10

9 + 1
5 + 5
10 + 0
4 + 6
2 + 8
6 + 4
1 + 9
0 + 10
3 + 7
7 + 3
8 + 2

③ **Ergänze.**

6: 3 + 3
8: 4 + 4
10: 5 + 5
9: 5 + 4

① **Wie heißen die Rechnungen?**

a)

2 + 3 = 5 | 5 + 1 = 6 | 3 + 6 = 9

b)

3 + 4 = 7 | 2 + 8 = 10 | 5 + 2 = 7

4 + 5 = 9 | 2 + 4 = 6 | 8 + 1 = 9

7 + 2 = 9 | 1 + 9 = 10 | 3 + 2 = 5

5 + 3 = 8 | 4 + 4 = 8 | 1 + 6 = 7

② **Male und rechne.**

a)

3 + 5 = 8 | 5 + 4 = 9 | 7 + 3 = 10

b)

4 + 6 = 10 | 1 + 7 = 8 | 3 + 3 = 6

6 + 2 = 8 | 1 + 5 = 6 | 9 + 0 = 9

4 + 1 = 5 | 0 + 2 = 2 | 2 + 7 = 9

③

3 + 7 = 10
5 + 2 = 7
6 + 3 = 9

9 + 1 = 10
2 + 7 = 9
5 + 0 = 5

6 + 4 = 10
0 + 8 = 8
1 + 8 = 9

Suche die Kinder im Bild. Kreise ein.

① 1 + 2 = 3, 2 + 1 = 3 | 2 + 3 = 5, 3 + 2 = 5 | 4 + 5 = 9, 5 + 4 = 9

② 3 + 6 = 9, 6 + 3 = 9 | 1 + 3 = 4, 3 + 1 = 4 | 2 + 4 = 6, 4 + 2 = 6

5 + 2 = 7, 2 + 5 = 7 | 5 + 3 = 8, 3 + 5 = 8 | 6 + 1 = 7, 1 + 6 = 7

③ 4 + 3 = 7, 3 + 4 = 7 | 1 + 5 = 6, 5 + 1 = 6 | 2 + 6 = 8, 6 + 2 = 8

① **Wie heißen die Rechnungen?**

a)

4 – 2 = 2 | 5 – 3 = 2 | 6 – 1 = 5

b)

8 – 7 = 1 | 10 – 9 = 1 | 8 – 3 = 5

7 – 7 = 0 | 6 – 5 = 1 | 9 – 4 = 5

6 – 0 = 6 | 7 – 6 = 1 | 4 – 3 = 1

8 – 4 = 4 | 3 – 1 = 2 | 9 – 7 = 2

② **Wie heißen die Rechnungen?**

6 – 2 = 4 | 7 – 4 = 3 | 5 – 1 = 4

③ **Streiche weg.**

8 – 2 = 6 | 9 – 6 = 3 | 5 – 5 = 0

7 – 1 = 6 | 10 – 7 = 3 | 9 – 9 = 0

5 – 4 = 1 | 8 – 5 = 3 | 6 – 4 = 2

④ **Rechne.**

8 – 0 = 8	7 – 2 = 5	9 – 8 = 1
6 – 3 = 3	10 – 5 = 5	7 – 4 = 3
5 – 3 = 2	8 – 3 = 5	9 – 4 = 5

① **Welcher Klecks kommt aus welcher Tube? Male an.**

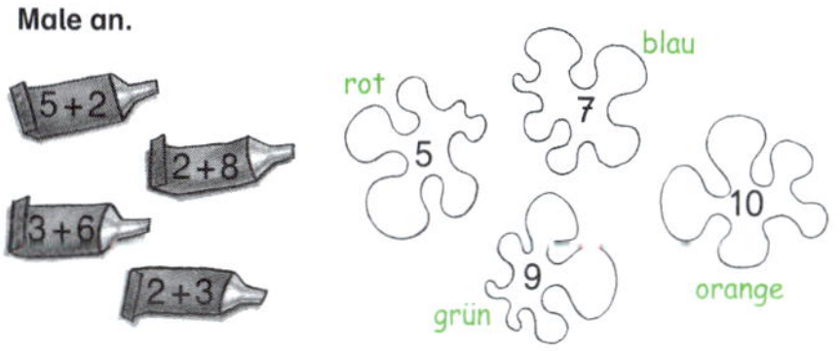

② **Färbe nur die Aufgaben, die zum Ergebnis passen.**

a) **8**: 4 + 5, 4 + 4, 4 + 3, 6 + 4, 1 + 7, 6 + 2, 2 + 6, 2 + 7

b) **7**: 4 + 3, 3 + 4, 5 + 2, 2 + 5, 3 + 5, 6 + 3, 4 + 4, 2 + 4

③ **Tauschaufgaben**

a)	4 + 3 = 7 3 + 4 = 7	6 + 2 = 8 2 + 6 = 8	5 + 4 = 9 4 + 5 = 9
b)	2 + 5 = 7 5 + 2 = 7	7 + 3 = 10 3 + 7 = 10	1 + 5 = 6 5 + 1 = 6
c)	7 + 2 = 9 2 + 7 = 9	6 + 4 = 10 4 + 6 = 10	5 + 3 = 8 3 + 5 = 8

① **Welcher Ball gehört in welchen Korb? Verbinde.**

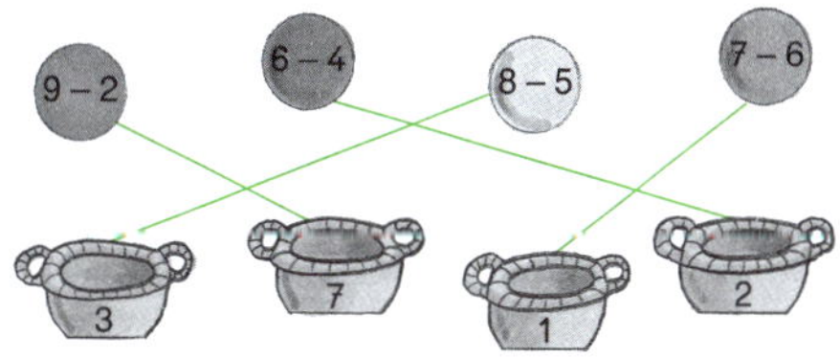

② **Färbe nur die Aufgaben, die zum Ergebnis passen.**

a) **4**: 6 – 2, 9 – 4, 5 – 1, 10 – 6, 6 – 3, 8 – 3, 7 – 3, 8 – 4

b) **2**: 6 – 4, 7 – 4, 6 – 5, 9 – 6, 9 – 7, 8 – 6, 4 – 2, 5 – 3

③ **Rechne und suche jeweils die nächsten beiden Aufgaben.**

a)	b)	c)
8 – 2 = 6	7 – 3 = 4	7 – 3 = 4
7 – 2 = 5	6 – 3 = 3	7 – 4 = 3
6 – 2 = 4	5 – 3 = 2	7 – 5 = 2
5 - 2 = 3	4 - 3 = 1	7 - 6 = 1
4 - 2 = 2	3 - 3 = 0	7 - 7 = 0

Ergänze, was fehlt.

+2	+3	+4	+5
0 + 2 = 2	0 + 3 = 3	0 + 4 = 4	0 + 5 = 5
1 + 2 = 3	1 + 3 = 4	1 + 4 = 5	1 + 5 = 6
2 + 2 = 4	2 + 3 = 5	2 + 4 = 6	2 + 5 = 7
3 + 2 = 5	3 + 3 = 6	3 + 4 = 7	3 + 5 = 8
4 + 2 = 6	4 + 3 = 7	4 + 4 = 8	4 + 5 = 9
5 + 2 = 7	5 + 3 = 8	5 + 4 = 9	5 + 5 = 10
6 + 2 = 8	6 + 3 = 9	6 + 4 = 10	
7 + 2 = 9	7 + 3 = 10		
8 + 2 = 10			

+6	+7	+8	+9
0 + 6 = 6	0 + 7 = 7	0 + 8 = 8	0 + 9 = 9
1 + 6 = 7	1 + 7 = 8	1 + 8 = 9	1 + 9 = 10
2 + 6 = 8	2 + 7 = 9	2 + 8 = 10	
3 + 6 = 9	3 + 7 = 10		
4 + 6 = 10			

Lerne die 1+1-Aufgaben auswendig.

Lerne auch diese Aufgaben auswendig.

Ergänze, was fehlt.

–2	–3	–4	–5
2 – 2 = 0	3 – 3 = 0	4 – 4 = 0	5 – 5 = 0
3 – 2 = 1	4 – 3 = 1	5 – 4 = 1	6 – 5 = 1
4 – 2 = 2	5 – 3 = 2	6 – 4 = 2	7 – 5 = 2
5 – 2 = 3	6 – 3 = 3	7 – 4 = 3	8 – 5 = 3
6 – 2 = 4	7 – 3 = 4	8 – 4 = 4	9 – 5 = 4
7 – 2 = 5	8 – 3 = 5	9 – 4 = 5	10 – 5 = 5
8 – 2 = 6	9 – 3 = 6	10 – 4 = 6	
9 – 2 = 7	10 – 3 = 7		
10 – 2 = 8			

–6	–7	–8	–9
6 – 6 = 0	7 – 7 = 0	8 – 8 = 0	9 – 9 = 0
7 – 6 = 1	8 – 7 = 1	9 – 8 = 1	10 – 9 = 1
8 – 6 = 2	9 – 7 = 2	10 – 8 = 2	
9 – 6 = 3	10 – 7 = 3		
10 – 6 = 4			

Wir üben Plusaufgaben bis 10

①

4 + 1 = 5	2 + 2 = 4	2 + 3 = 5
5 + 3 = 8	4 + 2 = 6	5 + 2 = 7
4 + 4 = 8	3 + 4 = 7	7 + 2 = 9
1 + 1 = 2	6 + 2 = 8	3 + 1 = 4

②

9 + 1 = 10	5 + 4 = 9	1 + 8 = 9
6 + 3 = 9	0 + 0 = 0	9 + 0 = 9
4 + 6 = 10	3 + 5 = 8	3 + 2 = 5
0 + 5 = 5	1 + 4 = 5	5 + 5 = 10

③ **Ergänze.**

1 + 2 = 3	3 + 3 = 6	0 + 5 = 5
0 + 9 = 9	2 + 7 = 9	3 + 0 = 3
2 + 6 = 8	8 + 0 = 8	4 + 3 = 7
4 + 5 = 9	1 + 9 = 10	3 + 7 = 10

Wir üben Minusaufgaben bis 10

①

4 − 1 = 3	2 − 2 = 0	9 − 3 = 6
5 − 3 = 2	4 − 2 = 2	5 − 2 = 3
4 − 4 = 0	7 − 4 = 3	7 − 2 = 5
5 − 1 = 4	6 − 2 = 4	3 − 1 = 2

②

9 − 1 = 8	5 − 4 = 1	9 − 8 = 1
6 − 3 = 3	0 − 0 = 0	9 − 0 = 9
8 − 6 = 2	9 − 5 = 4	3 − 2 = 1
7 − 5 = 2	8 − 4 = 4	5 − 5 = 0

③ **Ergänze.**

7 − 2 = 5	3 − 3 = 0	8 − 3 = 5
6 − 1 = 5	9 − 7 = 2	3 − 0 = 3
5 − 4 = 1	8 − 0 = 8	4 − 3 = 1
9 − 2 = 7	6 − 4 = 2	7 − 3 = 4

Fehler suchen

Im unteren Bild sind 8 Fehler versteckt. Kreise sie ein.

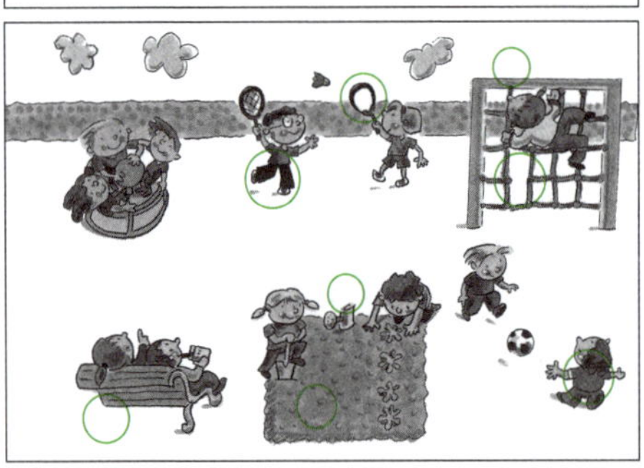

Plus und minus

Rechne und färbe den Pfeil in der Farbe des Ergebnisses.

- 3 + 1 = 4 grün
- 4 + 6 = 10 braun
- 9 − 3 = 6 gelb
- 5 − 3 = 2 orange
- 9 − 5 = 4 grün
- 4 − 2 = 2 orange
- 1 + 5 = 6 gelb
- 10 − 4 = 6 gelb
- 9 − 7 = 2 orange
- 3 + 7 = 10 braun
- 3 + 5 = 8 blau
- 2 + 8 = 10 braun
- 6 − 2 = 4 grün
- 4 + 4 = 8 blau

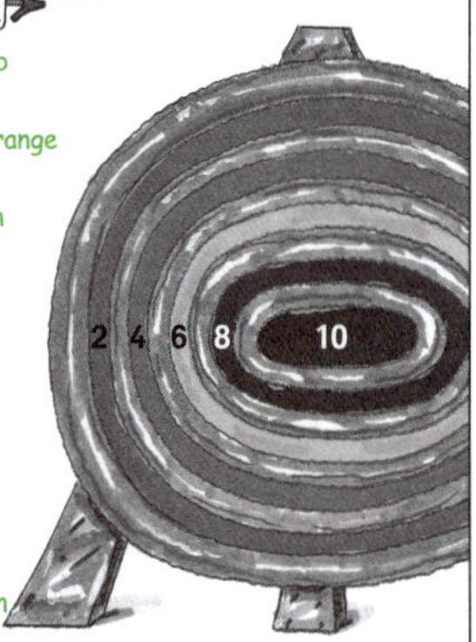

(1) **Wie viele sind es? Zähle und verbinde.**

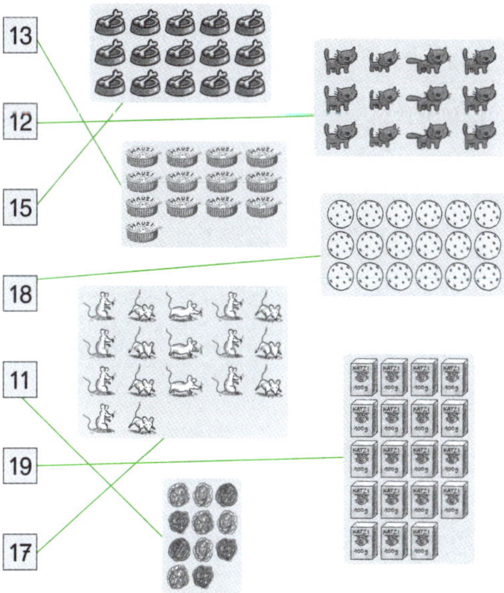

11	12	13	14	15	16	17	18	19	20

(2) **Zehner (Z) und Einer (E)**

14 = 10 + 4
17 = 10 + 7
12 = 10 + 2
16 = 10 + 6
19 = 10 + 9
13 = 10 + 3
15 = 10 + 5
18 = 10 + 8
11 = 10 + 1

(3) **Schreibe die Zahlen.**

1 Z 7 E = 17
1 Z 2 E = 12
2 Z = 20
1 Z 4 E = 14
1 Z 9 E = 19
7 E = 7
1 Z 5 E = 15
1 Z 1 E = 11
1 Z = 10

(4) **Ergänze die fehlenden Zahlen.**

10, 11, 12, 13, 14, 15, 16, 17, 18, 19, 20

20	19	18	17	16	15	14	13	12	11

(1) **Verbinde die Kärtchen mit der richtigen Stelle am Zahlenstrahl.**

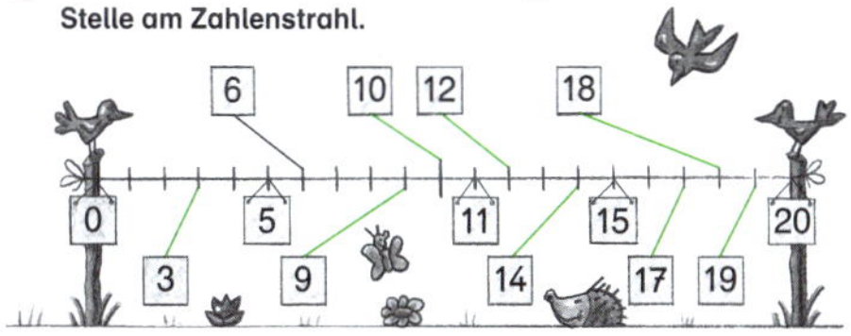

(2) **Zähle weiter.**

6, 7, 8, 9, 10, 11, 12, 13, 14
9, 10, 11, 12, 13, 14, 15, 16, 17, 18
16, 15, 14, 13, 12, 11, 10, 9, 8
20, 19, 18, 17, 16, 15, 14, 13, 12, 11

(3) **Wie geht es weiter?**

1, 3, 5, 7, 9, 11, 13, 15, 17, 19, 21
2, 4, 6, 8, 10, 12, 14, 16, 18, 20
20, 18, 16, 14, 12, 10, 8, 6, 4, 2, 0

(4) **Kleine Knobelei**

20, 17, 14, 11, 8, 5, 2

(5) **Trage die fehlenden Zahlen ein.**

1	2	3	4	5	6	7	8	9	10
11	12	13	14	15	16	17	18	19	20

(6) **Ausschnitte aus der Zwanzigertafel. Wie heißen die fehlenden Zahlen?**

2 / 12
3 / 13
6 / 16
14, 15
5 / 15
8, 9 / 19
7, 8 / 17, 18
10 / 20

(7) **Schreibe die Zahlen der Reihe nach auf. Beginne immer mit der kleinsten.**

a) ~~6~~ ~~12~~ ~~19~~ ~~13~~ ~~18~~ ~~16~~ ~~17~~ — 6, 12, 13, 16, 17, 18, 19

b) ~~7~~ ~~11~~ ~~13~~ ~~12~~ ~~18~~ ~~0~~ ~~19~~ — 0, 7, 11, 12, 13, 18, 19

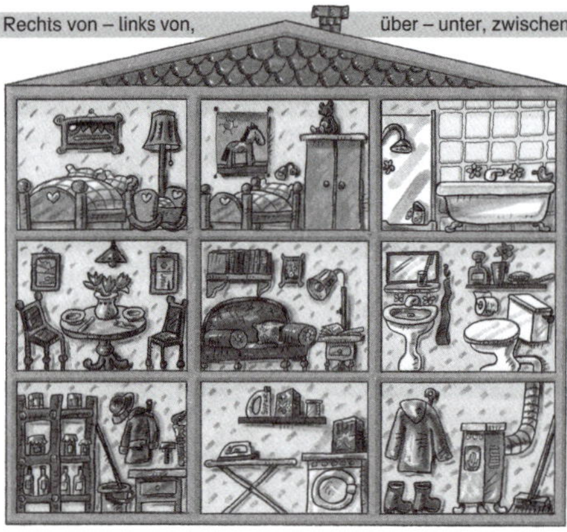

Male nur das richtige Bild wie im Puppenhaus an.

Was siehst du rechts von  ?

Was siehst du links von  ?

Was ist über  ?

Was ist zwischen  und  ?

① **Nachbarzahlen**

a) Welche Zahl kommt nach …?

14 15	13 14
18 19	19 20
12 13	17 18
16 17	15 16

b) Welche Zahl kommt vor …?

10 11	18 19
14 15	15 16
13 14	19 20
11 12	12 13

c) Welche Zahl steht zwischen …?

14 15 16	12 13 14	18 19 20
17 18 19	9 10 11	15 16 17
13 14 15	10 11 12	16 17 18
11 12 13	19 20 21	7 8 9

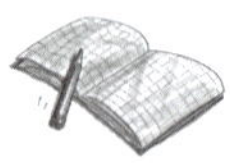

② **Welche Zahlen stehen davor und dahinter?**

a)

Vorgänger	Zahl	Nachfolger
13	14	15
16	17	18
19	20	21
18	19	20

b)

Vorgänger	Zahl	Nachfolger
15	16	17
9	10	11
17	18	19
5	6	7

0 1 2 3 4 5 6 7 8 9 10

① **Vergleiche: <, =, >.**

16 < 19	12 > 11	14 = 14
15 < 17	19 > 15	10 = 10
20 > 11	17 < 18	11 < 14
13 > 10	14 < 17	18 < 20

② **Zahlenrätsel**

Meine Zahl ist um 1 kleiner als 20.
19

Meine Zahl ist größer als 13. Sie ist kleiner als 15.
14

Meine Zahl ist kleiner als 19. Sie ist größer als 17.
18

Welche Zahlen sind größer als 12 und kleiner als 15.
13 14

③ **Kleine Knobelei**

Meine Zahl liegt genau in der Mitte zwischen 10 und 20.
15

Meine Zahl ist genau in der Mitte zwischen 14 und 18.
16

11 12 13 14 15 16 17 18 19 20

Verwandte Aufgaben ⊕

① Rechne.

4 + 2 = 6	5 + 3 = 8	7 + 1 = 8
14 + 2 = 16	15 + 3 = 18	17 + 1 = 18

② Zeichne und rechne.

a)

1 + 4 = 5	3 + 6 = 9	6 + 2 = 8
11 + 4 = 15	13 + 6 = 19	16 + 2 = 18

b)

2 + 7 = 9	1 + 5 = 6	3 + 7 = 10
12 + 7 = 19	11 + 5 = 16	13 + 7 = 20

③ Die kleine Aufgabe hilft dir.

12 + 3 = 15 2 + 3 = 5	15 + 4 = 19 5 + 4 = 9	13 + 6 = 19 3 + 6 = 9
11 + 7 = 18 1 + 7 = 8	14 + 5 = 19 4 + 5 = 9	13 + 7 = 20 3 + 7 = 10
16 + 2 = 18 6 + 2 = 8	18 + 1 = 19 8 + 1 = 9	11 + 5 = 16 1 + 5 = 6

④ Denke an die kleine Aufgabe. Rechne.

12 + 2 = 14	11 + 4 = 15	11 + 3 = 14
15 + 3 = 18	13 + 2 = 15	13 + 6 = 19
11 + 7 = 18	16 + 1 = 17	17 + 1 = 18
13 + 5 = 18	12 + 4 = 16	16 + 2 = 18

⑤ Kleine Knobelei

4 + 2 = 6	6 + 3 = 9
14 + 2 = 16	16 + 3 = 19
24 + 2 = 26	26 + 3 = 29
34 + 2 = 36	36 + 3 = 39

Umrisse erkennen

① Findest du den Schuh?
Male ihn an.

② Suche auch die Kanne und die Jacke.
Male sie an.

③ Findest du die beiden Vögel?
Male sie an.

④ Suche den Elefanten.
Male ihn an.

⑤ Wie viele Tiere erkennst du auf dem Bild? 7

Verwandte Aufgaben ⊖

① **Rechne.**

5 – 3 = 2 | 7 – 5 = 2 | 8 – 4 = 4

15 – 3 = 12 | 17 – 5 = 12 | 18 – 4 = 14

② **Zeichne und rechne.**

a)

9 – 6 = 3 | 4 – 3 = 1 | 6 – 2 = 4

19 – 6 = 13 | 14 – 3 = 11 | 16 – 2 = 14

b)

8 – 6 = 2 | 7 – 4 = 3 | 5 – 2 = 3

18 – 6 = 12 | 17 – 4 = 13 | 15 – 2 = 13

③ **Die kleine Aufgabe hilft dir.**

13 – 2 = 11
3 – 2 = 1

15 – 4 = 11
5 – 4 = 1

16 – 3 = 13
6 – 3 = 3

18 – 5 = 13
8 – 5 = 3

17 – 4 = 13
7 – 4 = 3

16 – 5 = 11
6 – 5 = 1

14 – 3 = 11
4 – 3 = 1

18 – 4 = 14
8 – 4 = 4

19 – 6 = 13
9 – 6 = 3

④ **Denke an die kleine Aufgabe. Rechne.**

19 – 2 = 17	18 – 4 = 14	13 – 1 = 12
16 – 3 = 13	17 – 1 = 16	17 – 2 = 15
15 – 4 = 11	19 – 3 = 16	18 – 3 = 15
18 – 5 = 13	15 – 2 = 13	16 – 5 = 11

⑤ **Kleine Knobelei**

5 – 3 = 2	7 – 4 = 3
15 – 3 = 12	17 – 4 = 13
25 – 3 = 22	27 - 4 = 23
35 - 3 = 32	37 - 4 = 33

Verdoppeln

① **Immer das Doppelte**

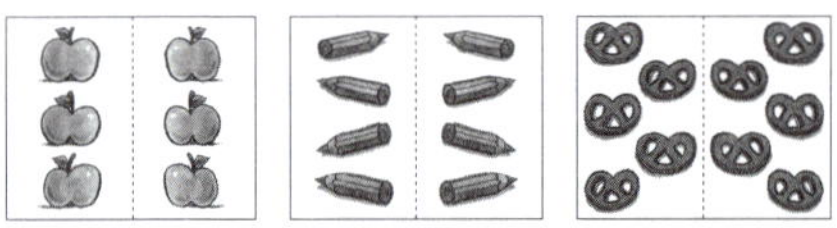

3 + 3 = 6 | 4 + 4 = 8 | 5 + 5 = 10

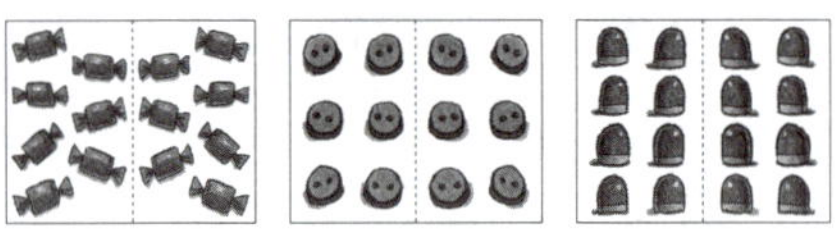

7 + 7 = 14 | 6 + 6 = 12 | 8 + 8 = 16

② **Zeichne und rechne.**

2 + 2 = 4 | 4 + 4 = 8 | 9 + 9 = 18

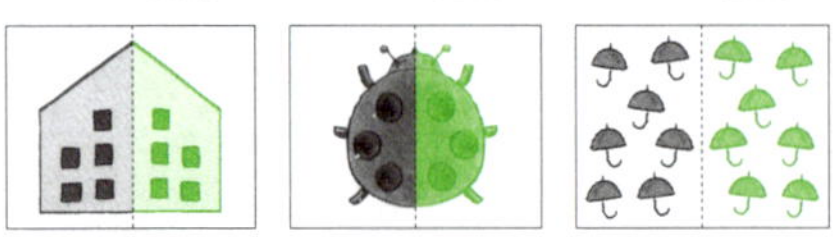

5 + 5 = 10 | 3 + 3 = 6 | 7 + 7 = 14

③ **Rechne.**

5 + 5 = 10 | 8 + 8 = 16 | 6 + 6 = 12

1 + 1 = 2 | 9 + 9 = 18 | 10 + 10 = 20

④ **Zeichne und rechne.**

4 + 4 = 8 | 3 + 3 = 6 | 5 + 5 = 10

8 + 8 = 16 | 7 + 7 = 14 | 2 + 2 = 4

Lerne die Aufgaben auswendig.

⑤ **Rechne.**

3 + 3 = 6
4 + 4 = 8
7 + 7 = 14

0 + 0 = 0
6 + 6 = 12
10 + 10 = 20

5 + 5 = 10
8 + 8 = 16
9 + 9 = 18

① **Halbiere und rechne.**

6 = 3 + 3 | 4 = 2 + 2 | 8 = 4 + 4

12 = 6 + 6 | 10 = 5 + 5 | 14 = 7 + 7

② **Halbiere.**

8 = 4 + 4 | 6 = 3 + 3 | 4 = 2 + 2

12 = 6 + 6 | 14 = 7 + 7 | 10 = 5 + 5

18 = 9 + 9 | 16 = 8 + 8 | 20 = 10 + 10

① **Verdopple und halbiere.**

4 + 4 = 8 | 8 = 4 + 4

2 + 2 = 4 | 4 = 2 + 2

8 + 8 = 16 | 16 = 8 + 8

6 + 6 = 12 | 12 = 6 + 6

10 + 10 = 20 | 20 = 10 + 10

② **Ergänze.**

verdoppeln → / ← halbieren

1	2	3	4	5	6	7	8	9	10
2	4	6	8	10	12	14	16	18	20

③ **Halbiere.**

6 = 3 + 3 | 12 = 6 + 6 | 8 = 4 + 4

2 = 1 + 1 | 20 = 10 + 10 | 18 = 9 + 9

16 = 8 + 8 | 14 = 7 + 7 | 10 = 5 + 5

Male im Teppich alle Kreise grün, alle Dreiecke blau und alle Vierecke rot.

① **Rechne und verbinde.**

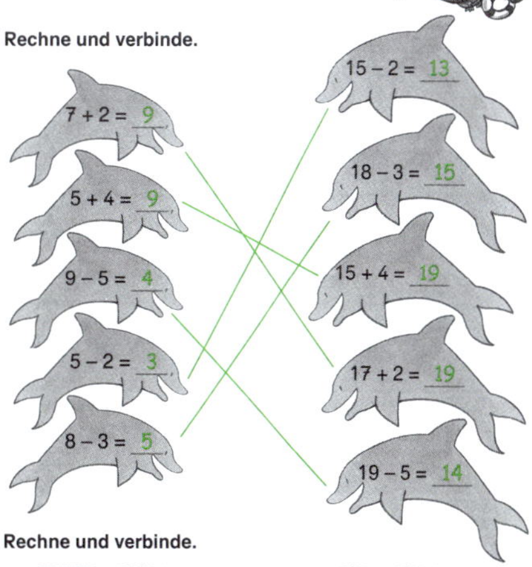

② **Rechne und verbinde.**

5 − 3 = 2	19 + 1 = 20
9 + 1 = 10	19 − 6 = 13
3 + 6 = 9	15 − 3 = 12
9 − 6 = 3	13 + 6 = 19
4 + 5 = 9	17 − 5 = 12
8 − 3 = 5	18 − 3 = 15
7 − 5 = 2	14 + 5 = 19

① **Ergänze zur 10.**

6 + 4 = 10 | 9 + 1 = 10 | 7 + 3 = 10

8 + 2 = 10 | 4 + 6 = 10 | 2 + 8 = 10

②

9 + 1 = 10	3 + 7 = 10	5 + 5 = 10
2 + 8 = 10	7 + 3 = 10	4 + 6 = 10

③ **Rechne zurück bis zur 10.**

14 − 4 = 10 | 18 − 8 = 10 | 13 − 3 = 10

16 − 6 = 10 | 12 − 2 = 10 | 17 − 7 = 10

④

13 − 3 = 10	15 − 5 = 10	19 − 9 = 10
14 − 4 = 10	16 − 6 = 10	18 − 8 = 10

⑤ **Bis zur 10 und dann weiter**

7 + 3 = 10	9 + 1 = 10	6 + 4 = 10
7 + 4 = 11	9 + 2 = 11	6 + 5 = 11

⑥

8 + 2 = 10	5 + 5 = 10	3 + 7 = 10
8 + 3 = 11	5 + 6 = 11	3 + 8 = 11

⑦ **Zurück bis zur 10 und dann weiter**

13 − 3 = 10	15 − 5 = 10	12 − 2 = 10
13 − 4 = 9	15 − 6 = 9	12 − 3 = 9

⑧

17 − 7 = 10	14 − 4 = 10	16 − 6 = 10
17 − 8 = 9	14 − 5 = 9	16 − 7 = 9

In der Gummibärchenfabrik

Welche Farbe hat der nächste Bär?

a)

b)

c)

d)

e)

f)

g)

①

8 + 5 = 13	7 + 6 = 13	4 + 8 = 12
8 + 2 + 3 = 13	7 + 3 + 3 = 13	4 + 6 + 2 = 12
9 + 7 = 16	5 + 8 = 13	3 + 9 = 12
9 + 1 + 6 = 16	5 + 5 + 3 = 13	3 + 7 + 2 = 12
7 + 5 = 12	4 + 9 = 13	7 + 8 = 15
7 + 3 + 2 = 12	4 + 6 + 3 = 13	7 + 3 + 5 = 15

②

6 + 7 = 13	5 + 9 = 14	4 + 7 = 11
6 + 4 + 3 = 13	5 + 5 + 4 = 14	4 + 6 + 1 = 11
8 + 7 = 15	8 + 3 = 11	7 + 9 = 16
8 + 2 + 5 = 15	8 + 2 + 1 = 11	7 + 3 + 6 = 16

Addition bis 20 mit Übergang (2)

①

7 + 4 = 11 (3, 1)

6 + 8 = 14 (4, 4)

9 + 8 = 17 (1, 7)

2 + 9 = 11 (8, 1)

5 + 9 = 14 (5, 4)

6 + 5 = 11 (4, 1)

②

7 + 4 = 11	8 + 5 = 13	6 + 6 = 12
7 + 5 = 12	8 + 6 = 14	6 + 7 = 13
7 + 6 = 13	8 + 7 = 15	6 + 8 = 14

③

9 + 4 = 13	8 + 3 = 11	9 + 5 = 14
9 + 6 = 15	8 + 5 = 13	9 + 7 = 16
9 + 8 = 17	8 + 7 = 15	9 + 9 = 18

④

4 + 7 = 11	6 + 8 = 14	8 + 7 = 15
5 + 8 = 13	3 + 9 = 12	7 + 6 = 13

Muster erkennen und fortsetzen

Setze die Muster fort.

Subtraktion bis 20 mit Übergang

①

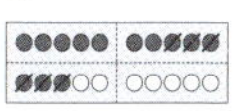

13 − 6 = 7
13 − 3 − 3 = 7

12 − 8 = 4
12 − 2 − 6 = 4

13 − 7 = 6
13 − 3 − 4 = 6

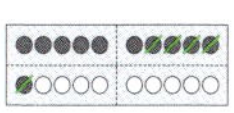

11 − 5 = 6
11 − 1 − 4 = 6

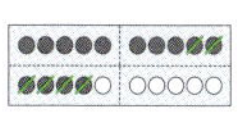

14 − 6 = 8
14 − 4 − 2 = 8

17 − 8 = 9
17 − 7 − 1 = 9

12 − 7 = 5
12 − 2 − 5 = 5

13 − 5 = 8
13 − 3 − 2 = 8

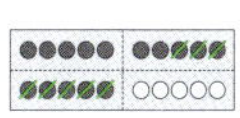

15 − 8 = 7
15 − 5 − 3 = 7

②

12 − 4 = 8 12 − 2 − 2 = 8	13 − 8 = 5 13 − 3 − 5 = 5	15 − 6 = 9 15 − 5 − 1 = 9
13 − 8 = 5 13 − 3 − 5 = 5	17 − 9 = 8 17 − 7 − 2 = 8	15 − 9 = 6 15 − 5 − 4 = 6

③

15 − 8 = 7 (5, 3)

14 − 6 = 8 (4, 2)

12 − 8 = 4 (2, 6)

16 − 9 = 7 (6, 3)

13 − 8 = 5 (3, 5)

14 − 6 = 8 (4, 2)

④

12 − 2 = 10	14 − 4 = 10	16 − 6 = 10
12 − 3 = 9	14 − 5 = 9	16 − 7 = 9
12 − 4 = 8	14 − 6 = 8	16 − 8 = 8

15 − 5 = 10	18 − 8 = 10	13 − 3 = 10
15 − 6 = 9	18 − 9 = 9	13 − 4 = 9
15 − 7 = 8	18 − 10 = 8	13 − 5 = 8

⑤

16 − 9 = 7	14 − 7 = 7	12 − 7 = 5
13 − 5 = 8	15 − 6 = 9	11 − 9 = 2

① **Ergänze zur 10 und rechne weiter.**

12	13	14
9 + 1 + 2	8 + 2 + 3	9 + 1 + 4
8 + 2 + 2	9 + 1 + 3	8 + 2 + 4
7 + 3 + 2	6 + 4 + 3	7 + 3 + 4
6 + 4 + 2	7 + 3 + 3	6 + 4 + 4
5 + 5 + 2	5 + 5 + 3	5 + 5 + 4

② **Welche Fische gehören zusammen?**
Male sie in derselben Farbe an.

C 9+5, C 14, D 7+9, D 9+7, B 8+7, D 9+1+6, D 16, A 6+4+3, 13 A, 15 B, C 7+7, D 7+3+6, A 6+7, A 8+5, B 9+6, B 9+1+5, B 8+2+5, A 8+2+3, C 9+1+4, C 7+3+4

③ **Färbe Fahnen mit demselben Ergebnis gleich.**

8 + 3	8 + 2 + 2	12
8 + 4	8 + 2 + 1	11
8 + 5	8 + 2 + 3	14
8 + 6	8 + 2 + 5	15
8 + 7	8 + 2 + 4	13

④ **Welche Anhänger passen zum LKW?**
Verbinde und färbe sie.

6 + 6	6 + 4 + 3	12
6 + 7	6 + 4 + 2	13
6 + 8	6 + 4 + 5	14
6 + 9	6 + 4 + 4	15

Merke dir eine Figur und zeichne sie nach.

Und so wird's gemacht:

Merke dir eine Figur aus der linken Spalte.

Falte das Blatt entlang der gestrichelten Linie. Decke die Figur zu.

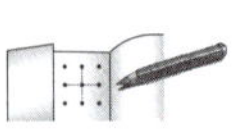

Zeichne sie rechts nach.

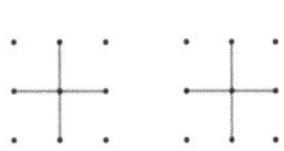

Kontrolliere das Ergebnis.

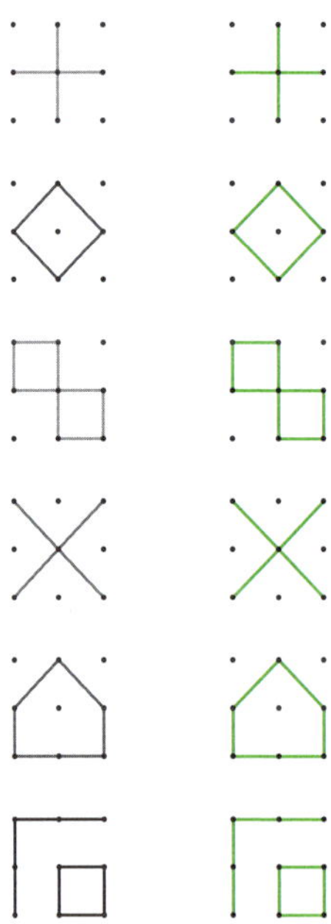

Das Geheimnis des Sternenhimmels
Auflösung Sternenbild: Adler

Rechne und färbe den Pfeil in der Farbe des Ergebnisses.

3 + 1 = ____

4 + 6 = ____

9 − 3 = ____

5 − 3 = ____

9 − 5 = ____

4 − 2 = ____

1 + 5 = ____

10 − 4 = ____

9 − 7 = ____

3 + 7 = ____

3 + 5 = ____

2 + 8 = ____

6 − 2 = ____

4 + 4 = ____

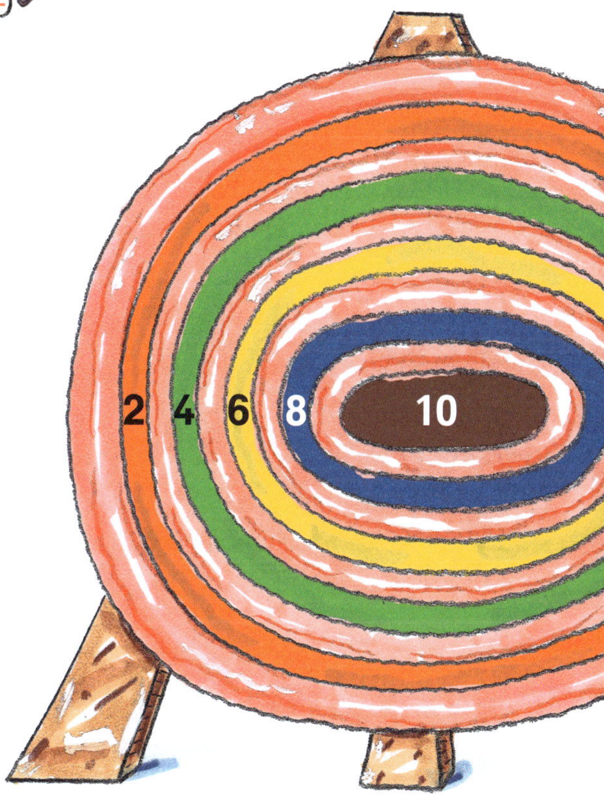

① **Wie viele sind es? Zähle und verbinde.**

13

12

15

18

11

19

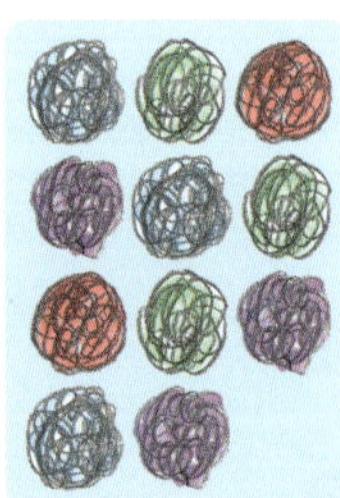

17

11	12	13							20

② **Zehner (Z) und Einer (E)**

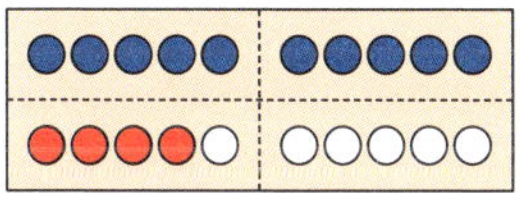

14 = 10 + 4

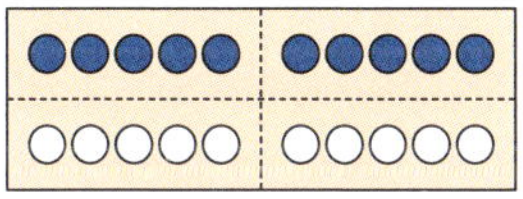

17 = 10 + ____

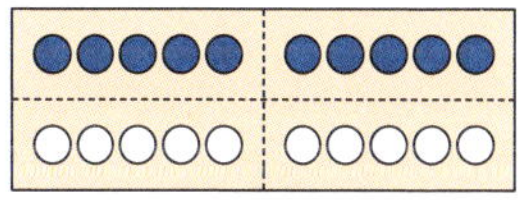

12 = 10 + ____

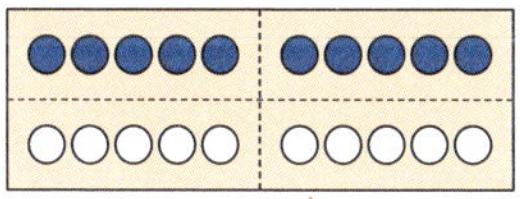

16 = 10 + ____

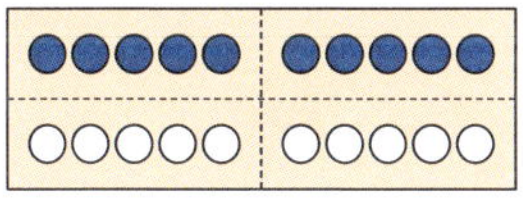

19 = 10 + ____

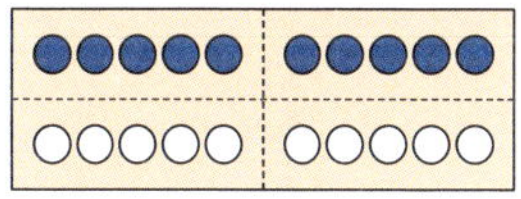

13 = 10 + ____

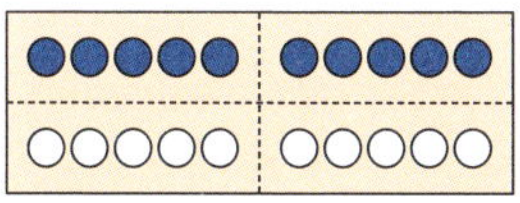

15 = ____ + 5

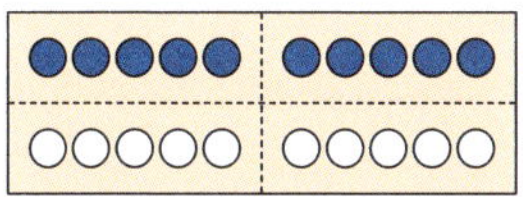

18 = ____ + 8

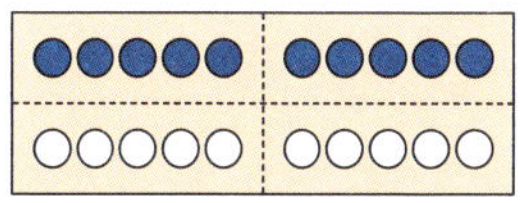

11 = ____ + 1

③ **Schreibe die Zahlen.**

1 Z 7 E = ____　　1 Z 2 E = ____　　2 Z = ____

1 Z 4 E = ____　　1 Z 9 E = ____　　7 E = ____

1 Z 5 E = ____　　1 Z 1 E = ____　　1 Z = ____

④ **Ergänze die fehlenden Zahlen.**

10, 11, ____, ____, ____, ____, ____, 17, ____, ____, 20

20									11

1 Verbinde die Kärtchen mit der richtigen Stelle am Zahlenstrahl.

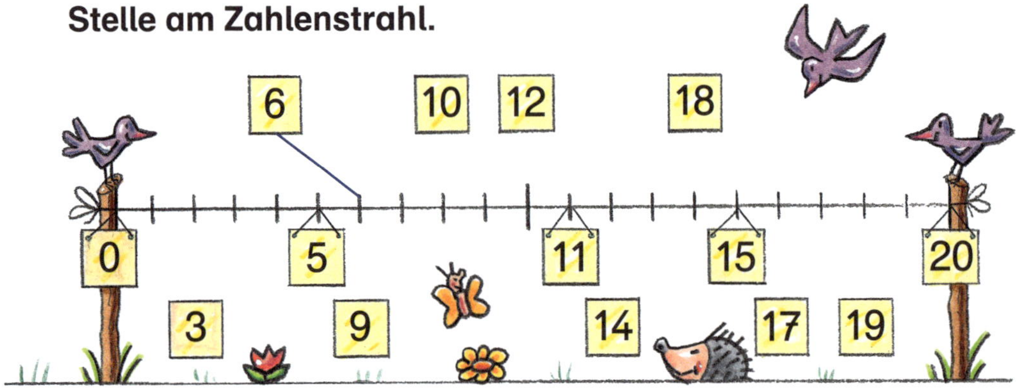

2 Zähle weiter.

6, 7, 8, ____, ____, ____, ____, ____, 14

9, 10, 11, ____, ____, ____, ____, ____, ____, 18

16, 15, 14, ____, ____, ____, ____, ____, 8

20, 19, 18, ____, ____, ____, ____, ____, ____, 11

3 Wie geht es weiter?

1, 3, 5, ____, 9, ____, 13, ____, ____, ____, 21

2, 4, 6, ____, ____, ____, 14, ____, ____, 20

20, 18, 16, ____, ____, 10, ____, ____, ____, ____, 0

4 Kleine Knobelei

20, 17, 14, ____, ____, ____, 2

5 **Trage die fehlenden Zahlen ein.**

1	2	3			6			9	10
11	12		14	15		17	18		20

6 **Ausschnitte aus der Zwanzigertafel.**
Wie heißen die fehlenden Zahlen?

12

3

16

14	

	9

5

	8
17	

20

7 **Schreibe die Zahlen der Reihe nach auf.**
Beginne immer mit der kleinsten.

a) 6 12 19 13 18 16 17 ____, ____, ____, ____, ____, ____, ____

b) 7 11 13 12 18 0 19 ____, ____, ____, ____, ____, ____, ____

Male nur das richtige Bild wie im Puppenhaus an.

Was siehst du rechts von  ?

Was siehst du links von  ?

Was ist über  ?

Was ist zwischen  und  ?

1 Nachbarzahlen

a) Welche Zahl kommt nach …?

14	___	13	___
18	___	19	___
12	___	17	___
16	___	15	___

b) Welche Zahl kommt vor …?

___	11	___	19
___	15	___	16
___	14	___	20
___	12	___	13

c) Welche Zahl steht zwischen …?

14	___	16	12	___	14	18	___	20
17	___	19	9	___	11	15	___	17
13	___	15	10	___	12	16	___	18
11	___	13	19	___	21	7	___	9

2 Welche Zahlen stehen davor und dahinter?

a)

Vorgänger	Zahl	Nachfolger
	14	
	17	
	20	
	19	

b)

Vorgänger	Zahl	Nachfolger
	16	
	10	
	18	
	6	

0	1	2								10

1 Vergleiche: <, =, >.

16 ◯ 19	12 ◯ 11	14 ◯ 14
15 ◯ 17	19 ◯ 15	10 ◯ 10
20 ◯ 11	17 ◯ 18	11 ◯ 14
13 ◯ 10	14 ◯ 17	18 ◯ 20

2 Zahlenrätsel

Meine Zahl ist um 1 kleiner als 20.

____

Meine Zahl ist größer als 13. Sie ist kleiner als 15.

____

Meine Zahl ist kleiner als 19. Sie ist größer als 17.

____

Welche Zahlen sind größer als 12 und kleiner als 15.

____ ____

3 Kleine Knobelei

Meine Zahl liegt genau in der Mitte zwischen 10 und 20.

____

Meine Zahl ist genau in der Mitte zwischen 14 und 18.

____

11									20

① **Rechne.**

4 + 2 = ___

14 + 2 = ___

5 + 3 = ___

15 + 3 = ___

7 + 1 = ___

17 + 1 = ___

② **Zeichne und rechne.**

a)

1 + 4 = ___

11 + 4 = ___

3 + 6 = ___

13 + 6 = ___

6 + 2 = ___

16 + 2 = ___

b)

2 + 7 = ___

12 + 7 = ___

1 + 5 = ___

11 + 5 = ___

3 + 7 = ___

13 + 7 = ___

③ **Die kleine Aufgabe hilft dir.**

12 + 3 = ___	15 + 4 = ___	13 + 6 = ___
2 + 3 = ___	___ + ___ = ___	___ + ___ = ___
11 + 7 = ___	14 + 5 = ___	13 + 7 = ___
___ + ___ = ___	___ + ___ = ___	___ + ___ = ___
16 + 2 = ___	18 + 1 = ___	11 + 5 = ___
___ + ___ = ___	___ + ___ = ___	___ + ___ = ___

④ **Denke an die kleine Aufgabe. Rechne.**

12 + 2 = ___	11 + 4 = ___	11 + 3 = ___
15 + 3 = ___	13 + 2 = ___	13 + 6 = ___
11 + 7 = ___	16 + 1 = ___	17 + 1 = ___
13 + 5 = ___	12 + 4 = ___	16 + 2 = ___

5 **Kleine Knobelei**

4 + 2 = ___	6 + 3 = ___
14 + 2 = ___	16 + 3 = ___
24 + 2 = ___	___
___ + ___ = ___	___

① **Findest du den Schuh?**
Male ihn an.

② **Suche auch die Kanne und die Jacke.**
Male sie an.

(3) **Findest du die beiden Vögel?**
Male sie an.

(4) **Suche den Elefanten.**
Male ihn an.

5 **Wie viele Tiere erkennst du auf dem Bild?** ☐

① **Rechne.**

5 – 3 = ____

15 – 3 = ____

7 – 5 = ____

17 – 5 = ____

8 – 4 = ____

18 – 4 = ____

② **Zeichne und rechne.**

a)

9 – 6 = ____

19 – 6 = ____

4 – 3 = ____

14 – 3 = ____

6 – 2 = ____

16 – 2 = ____

b)

8 – 6 = ____

18 – 6 = ____

7 – 4 = ____

17 – 4 = ____

5 – 2 = ____

15 – 2 = ____

3 Die kleine Aufgabe hilft dir.

13 – 2 = ___ 3 – 2 = ___	15 – 4 = ___ ___ – ___ = ___	16 – 3 = ___ ___ – ___ = ___
18 – 5 = ___ ___ – ___ = ___	17 – 4 = ___ ___ – ___ = ___	16 – 5 = ___ ___ – ___ = ___
14 – 3 = ___ ___ – ___ = ___	18 – 4 = ___ ___ – ___ = ___	19 – 6 = ___ ___ – ___ = ___

4 Denke an die kleine Aufgabe. Rechne.

19 – 2 = ___	18 – 4 = ___	13 – 1 = ___
16 – 3 = ___	17 – 1 = ___	17 – 2 = ___
15 – 4 = ___	19 – 3 = ___	18 – 3 = ___
18 – 5 = ___	15 – 2 = ___	16 – 5 = ___

5 Kleine Knobelei

5 – 3 = ___	7 – 4 = ___
15 – 3 = ___	17 – 4 = ___
25 – 3 = ___	___________
___________	___________

Verdoppeln

① Immer das Doppelte

3 + 3 = ____

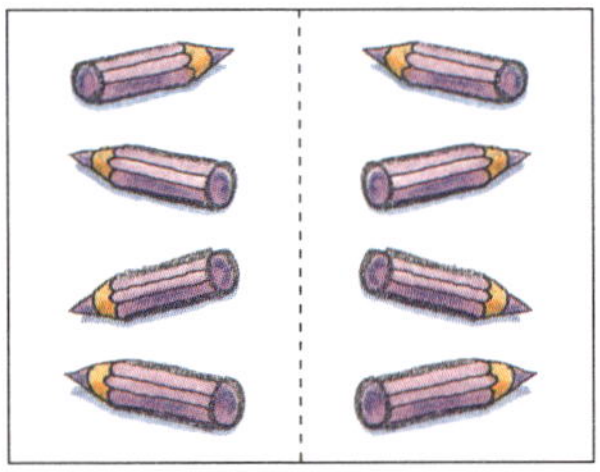

4 + 4 = ____

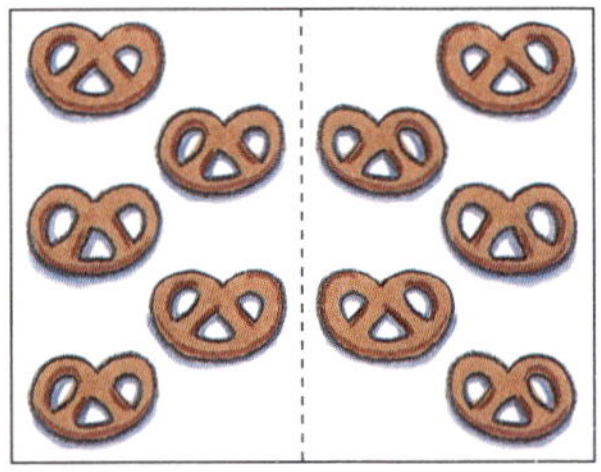

5 + 5 = ____

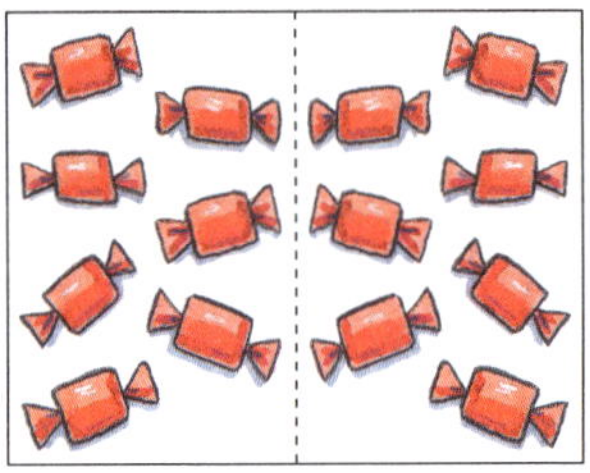

7 + 7 = ____

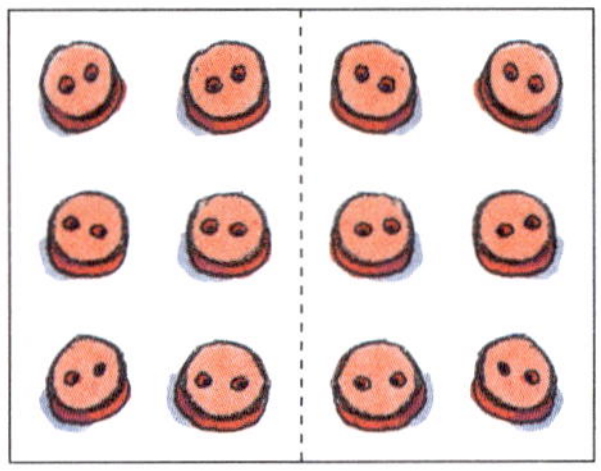

6 + 6 = ____

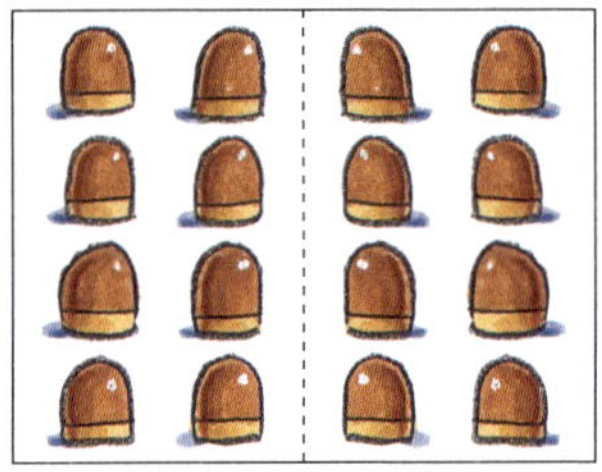

8 + 8 = ____

② Zeichne und rechne.

2 + 2 = ____

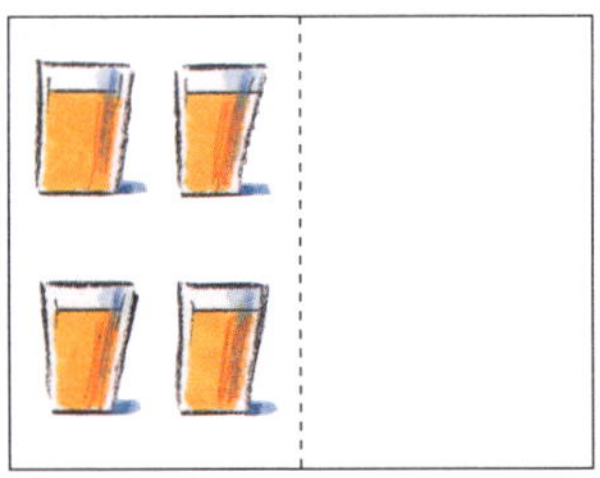

4 + 4 = ____

9 + 9 = ____

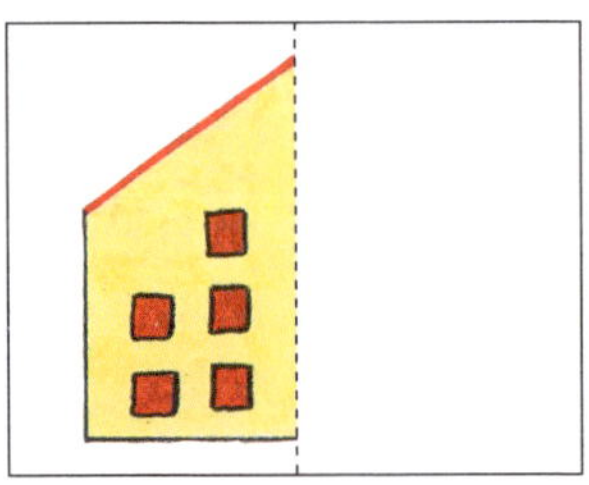

5 + 5 = ____

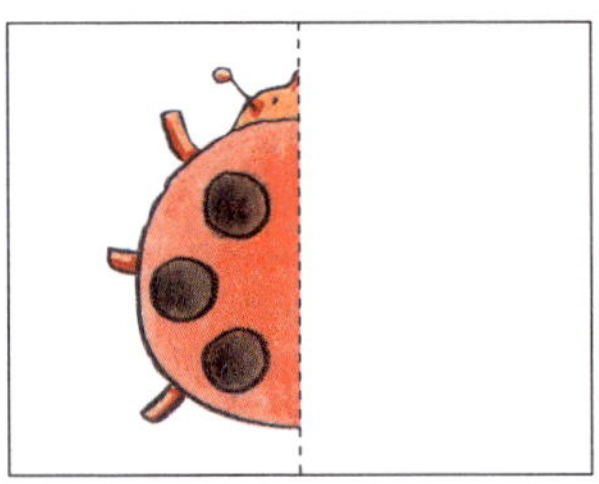

3 + 3 = ____

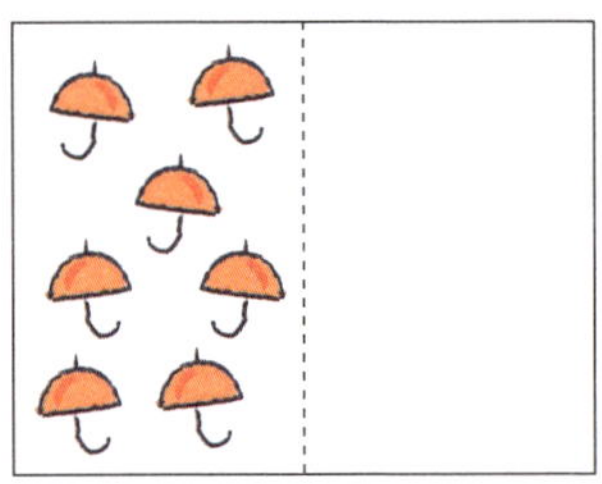

7 + 7 = ____

③ Rechne.

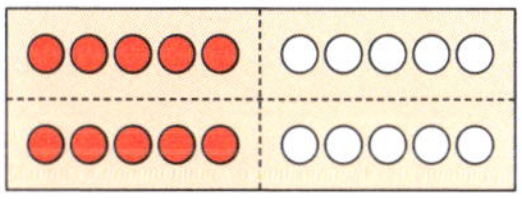

5 + 5 = ___

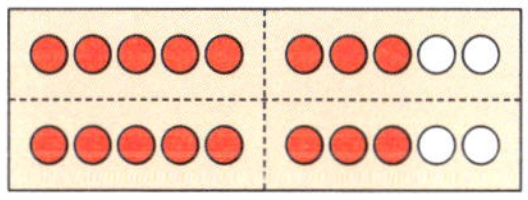

8 + 8 = ___

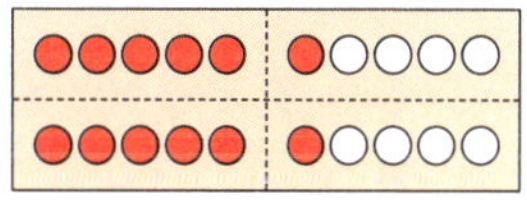

6 + 6 = ___

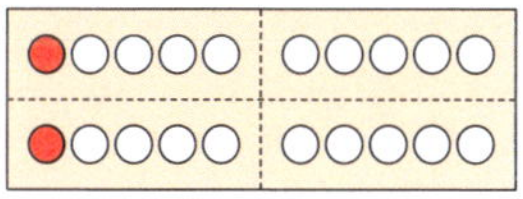

1 + 1 = ___

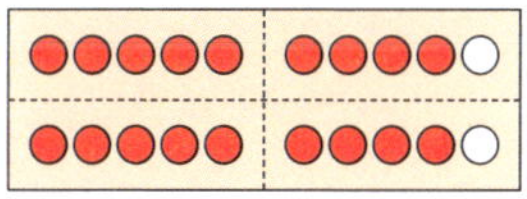

9 + 9 = ___

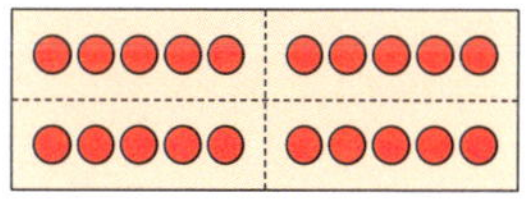

10 + 10 = ___

④ Zeichne und rechne.

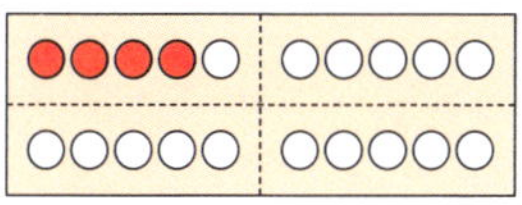

4 + 4 = ___

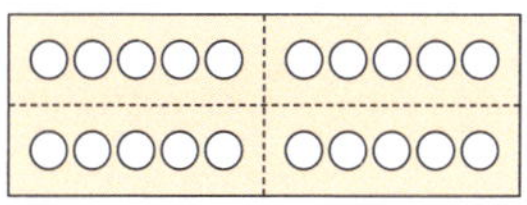

3 + ___ = ___

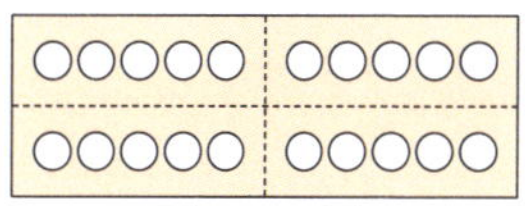

5 + ___ = ___

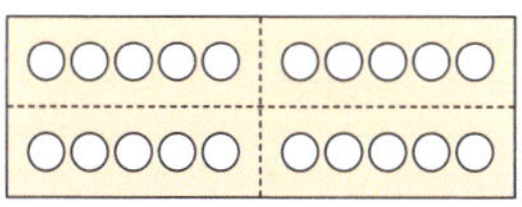

8 + ___ = ___

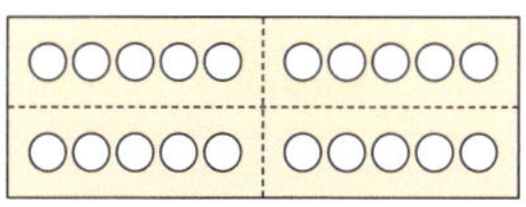

7 + ___ = ___

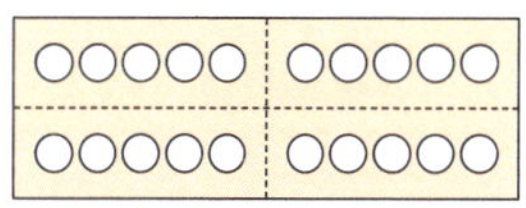

2 + ___ = ___

⑤ Rechne.

3 + 3 = ___
4 + 4 = ___
7 + 7 = ___

0 + 0 = ___
6 + 6 = ___
10 + 10 = ___

5 + 5 = ___
8 + 8 = ___
9 + 9 = ___

1 Halbiere und rechne.

6 = 3 + 3

4 = 2 + ___

8 = ___ + ___

12 = ___ + ___

10 = ___ + ___

14 = ___ + ___

2 Halbiere.

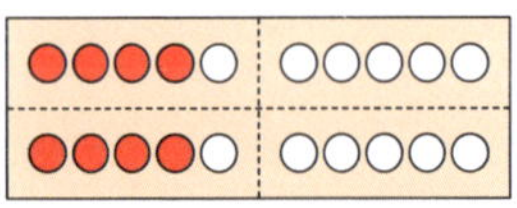

8 = 4 + 4

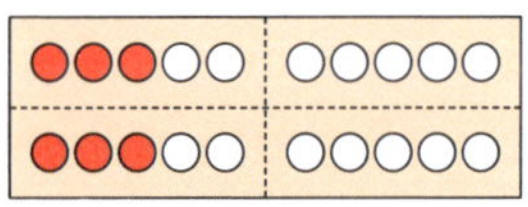

6 = 3 + ___

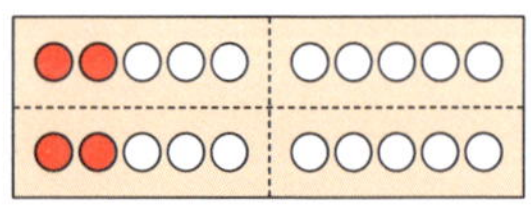

4 = ___ + ___

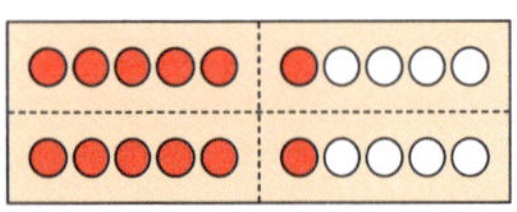

12 = ___ + ___

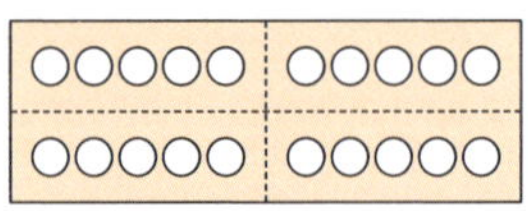

14 = ___ + ___

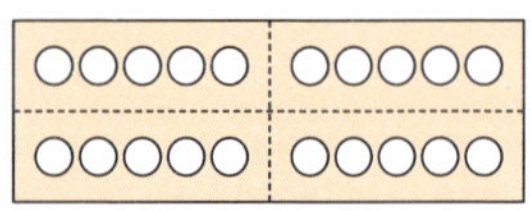

10 = ___ + ___

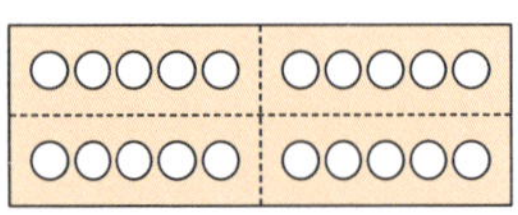

18 = ___ + ___

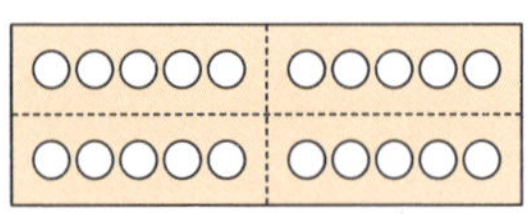

16 = ___ + ___

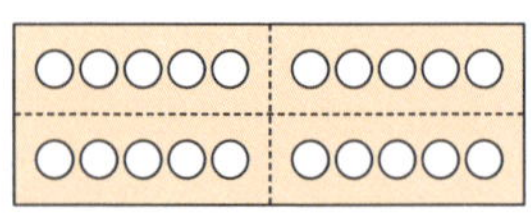

20 = ___ + ___

Verdoppeln und Halbieren

① Verdopple und halbiere.

4 + 4 = ____

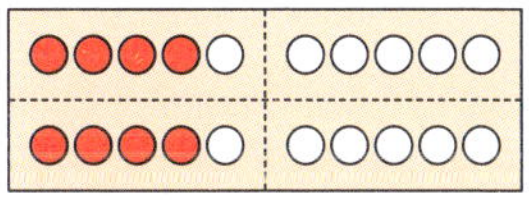

8 = ____ + ____

2 + 2 = ____

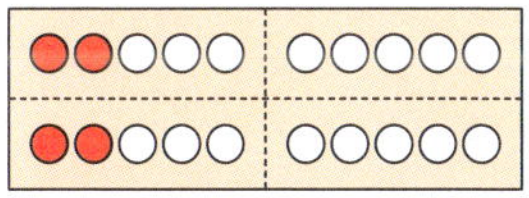

4 = ____ + ____

8 + 8 = ____

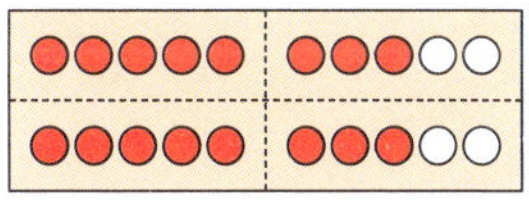

16 = ____ + ____

6 + 6 = ____

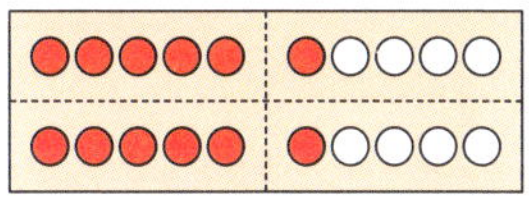

12 = ____ + ____

10 + 10 = ____

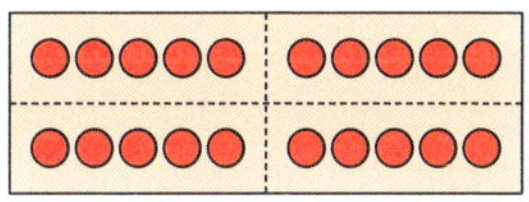

20 = ____ + ____

② Ergänze.

verdoppeln ↓	1	2	3	4	5					↑ halbieren
	2	4				12	14	16	18	20

③ Halbiere.

6 = ____ + ____ 12 = ____ + ____ 8 = ____ + ____

2 = ____ + ____ 20 = ____ + ____ 18 = ____ + ____

16 = ____ + ____ 14 = ____ + ____ 10 = ____ + ____

**Male im Teppich alle Kreise grün,
alle Dreiecke blau und alle Vierecke rot.**

① **Rechne und verbinde.**

7 + 2 = ___

5 + 4 = ___

9 – 5 = ___

5 – 2 = ___

8 – 3 = ___

15 – 2 = ___

18 – 3 = ___

15 + 4 = ___

17 + 2 = ___

19 – 5 = ___

② **Rechne und verbinde.**

5 – 3 = ___	19 + 1 = ___
9 + 1 = ___	19 – 6 = ___
3 + 6 = ___	15 – 3 = ___
9 – 6 = ___	13 + 6 = ___
4 + 5 = ___	17 – 5 = ___
8 – 3 = ___	18 – 3 = ___
7 – 5 = ___	14 + 5 = ___

1 Ergänze zur 10.

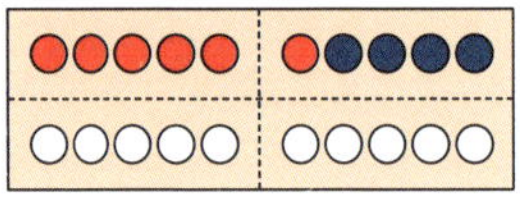

6 + 4 = 10

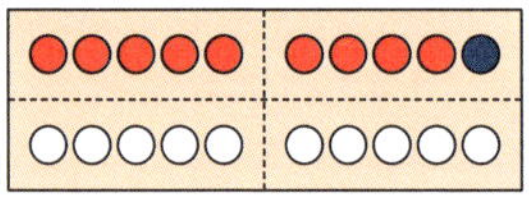

9 + ___ = 10

7 + ___ = 10

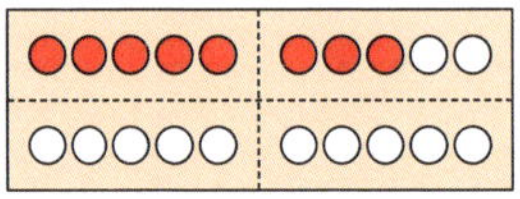

___ + ___ = 10

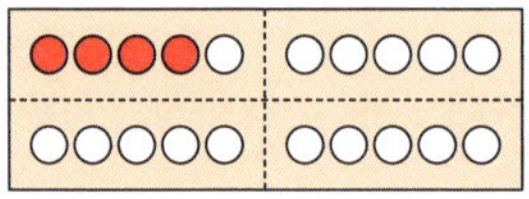

___ + ___ = 10

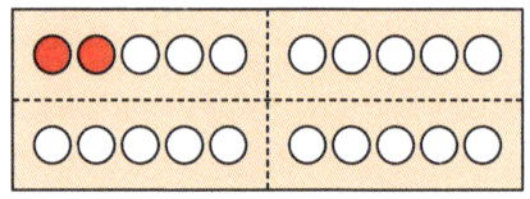

___ + ___ = 10

2

9 + ___ = 10

2 + ___ = 10

3 + ___ = 10

7 + ___ = 10

5 + ___ = 10

4 + ___ = 10

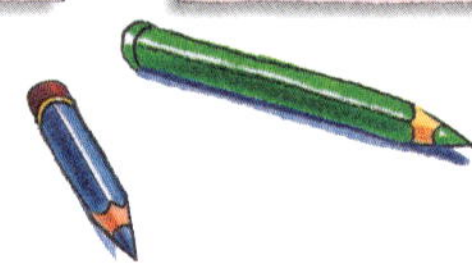

3 Rechne zurück bis zur 10.

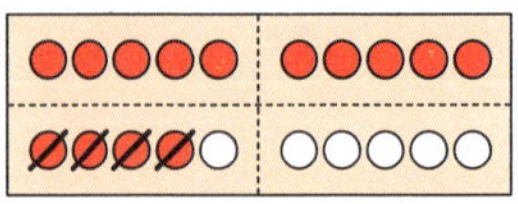

14 – 4 = 10

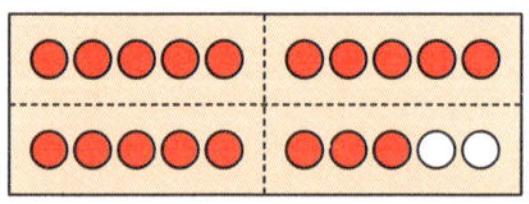

18 – 8 = 10

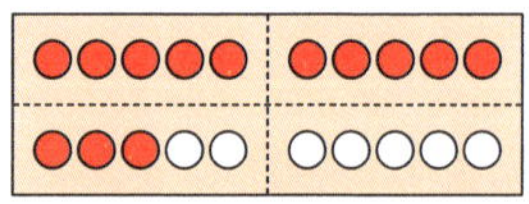

13 – ___ = 10

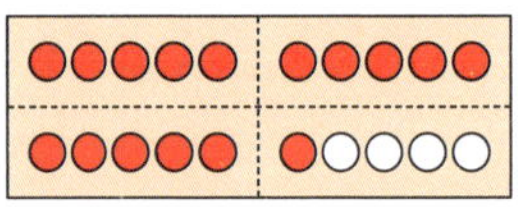

___ – ___ = 10

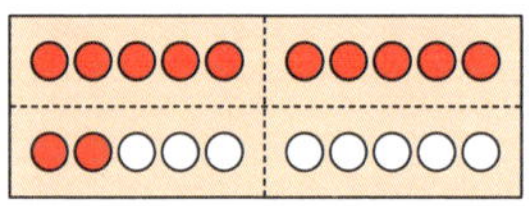

___ – ___ = 10

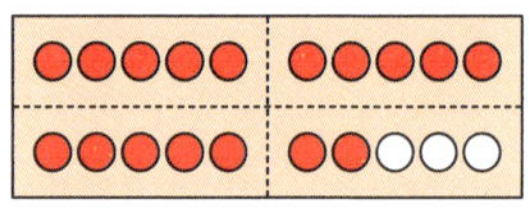

___ – ___ = 10

4

13 – ___ = 10

14 – ___ = 10

15 – ___ = 10

16 – ___ = 10

19 – ___ = 10

18 – ___ = 10

5 Bis zur 10 und dann weiter

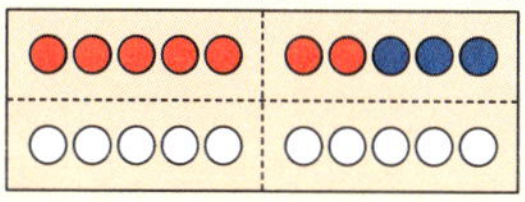

7 + 3 = ___

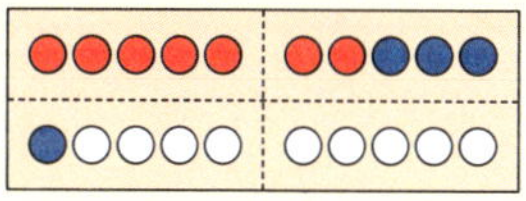

7 + 4 = ___

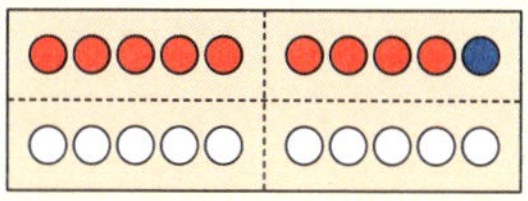

9 + 1 = ___

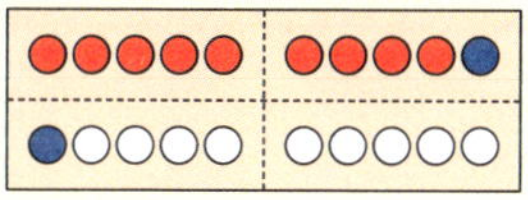

9 + 2 = ___

6 + 4 = ___

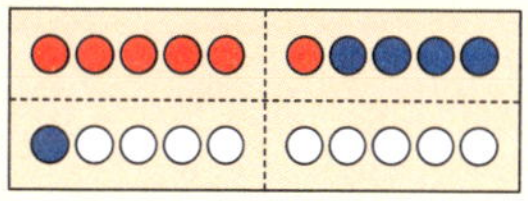

6 + 5 = ___

6

8 + 2 = ___

8 + 3 = ___

5 + 5 = ___

5 + 6 = ___

3 + 7 = ___

3 + 8 = ___

7 Zurück bis zur 10 und dann weiter

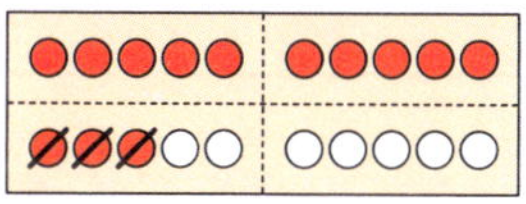

13 – 3 = ___

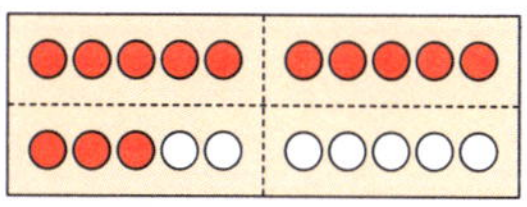

13 – 4 = ___

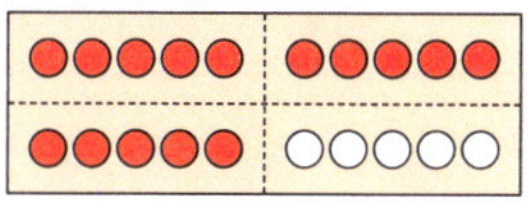

15 – 5 = ___

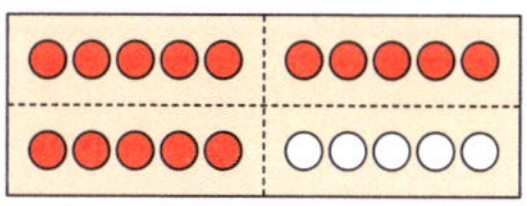

15 – 6 = ___

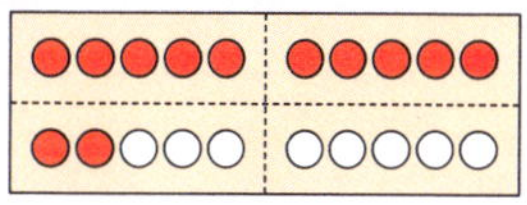

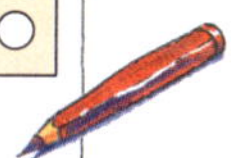

12 – 2 = ___

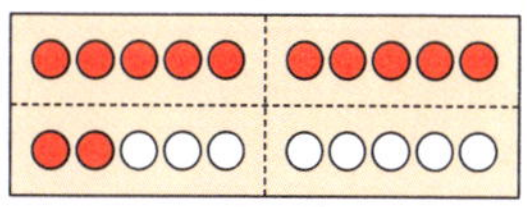

12 – 3 = ___

8

17 – 7 = ___

17 – 8 = ___

14 – 4 = ___

14 – 5 = ___

16 – 6 = ___

16 – 7 = ___

In der Gummibärchenfabrik

Welche Farbe hat der nächste Bär?

a)

b)

c)

d)

e)

f)

g)

Addition bis 20 mit Übergang (1)

(1)

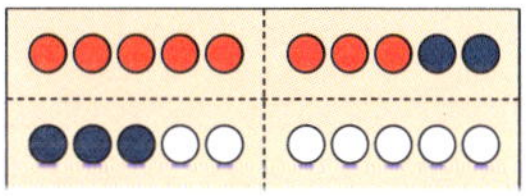

8 + 5 = ___

8 + 2 + 3 = ___

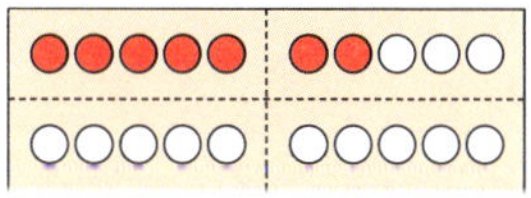

7 + 6 = ___

7 + ___ + ___ = ___

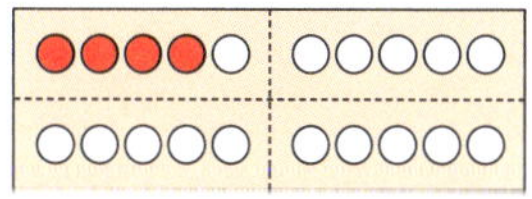

4 + 8 = ___

4 + ___ + ___ = ___

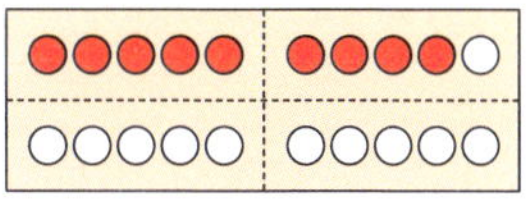

9 + 7 = ___

9 + ___ + ___ = ___

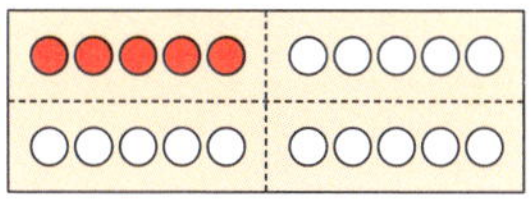

5 + 8 = ___

5 + ___ + ___ = ___

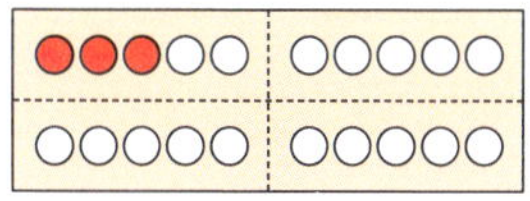

3 + 9 = ___

3 + ___ + ___ = ___

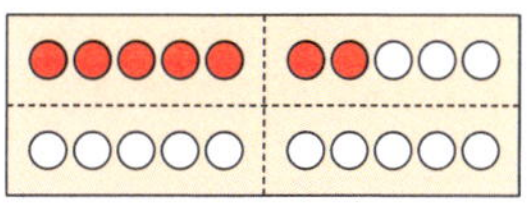

7 + 5 = ___

7 + ___ + ___ = ___

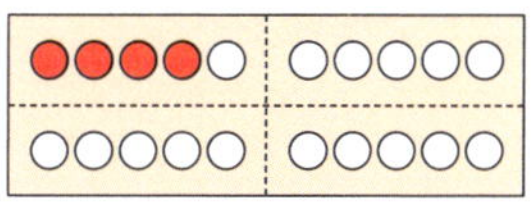

4 + 9 = ___

4 + ___ + ___ = ___

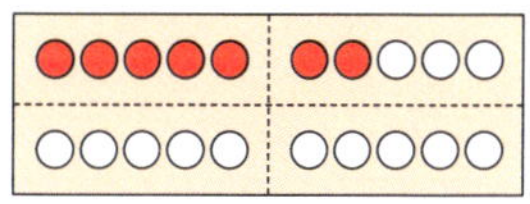

7 + 8 = ___

7 + ___ + ___ = ___

(2)

6 + 7 = ___

___ + ___ + ___ = ___

5 + 9 = ___

___ + ___ + ___ = ___

4 + 7 = ___

___ + ___ + ___ = ___

8 + 7 = ___

___ + ___ + ___ = ___

8 + 3 = ___

___ + ___ + ___ = ___

7 + 9 = ___

___ + ___ + ___ = ___

1

7 + 4 = ___
(3, ___)

6 + 8 = ___
(___, ___)

9 + 8 = ___
(___, ___)

2 + 9 = ___
(___, ___)

5 + 9 = ___
(___, ___)

6 + 5 = ___
(___, ___)

2

7 + 4 = ___	8 + 5 = ___	6 + 6 = ___
7 + 5 = ___	8 + 6 = ___	6 + 7 = ___
7 + 6 = ___	8 + 7 = ___	6 + 8 = ___

3

9 + 4 = ___	8 + 3 = ___	9 + 5 = ___
9 + 6 = ___	8 + 5 = ___	9 + 7 = ___
9 + 8 = ___	8 + 7 = ___	9 + 9 = ___

4

4 + 7 = ___	6 + 8 = ___	8 + 7 = ___
5 + 8 = ___	3 + 9 = ___	7 + 6 = ___

Setze die Muster fort.

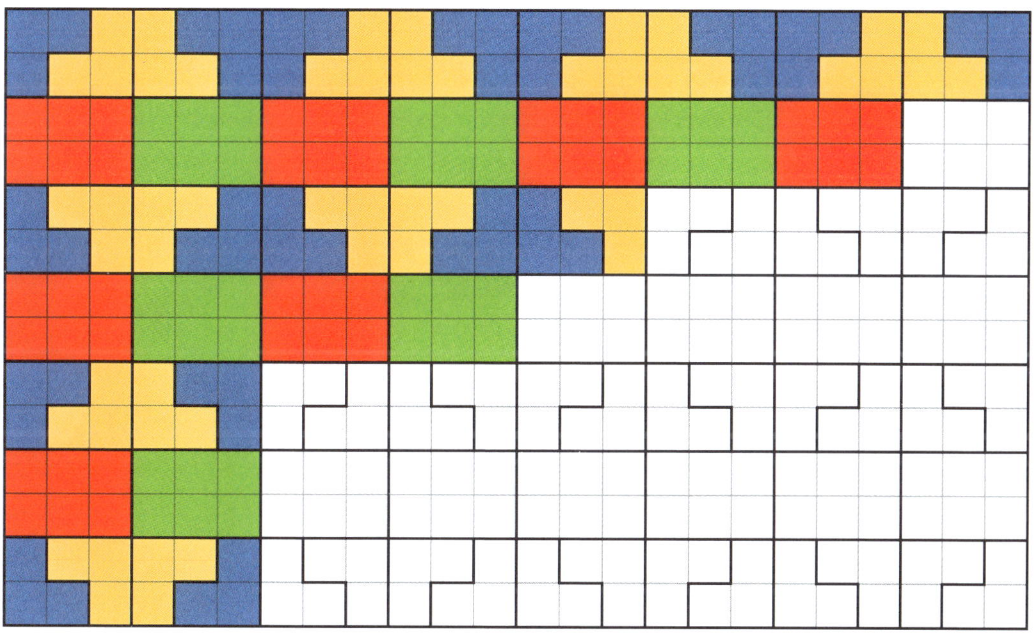

1

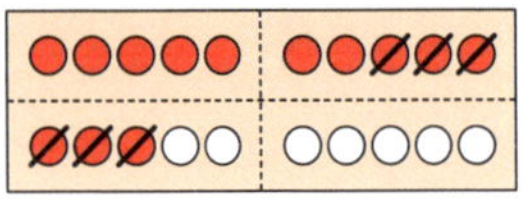

13 − 6 = ___

13 − 3 − 3 = ___

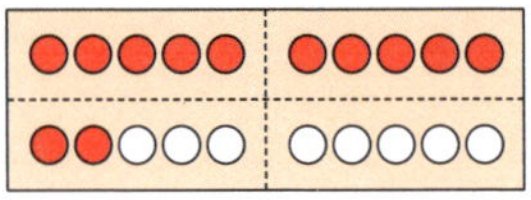

12 − 8 = ___

12 − 2 − 6 = ___

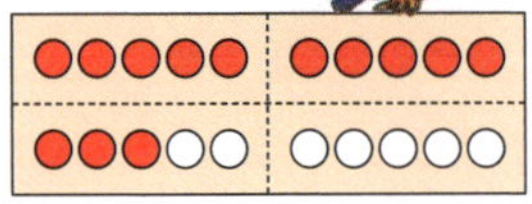

13 − 7 = ___

13 − ___ − ___ = ___

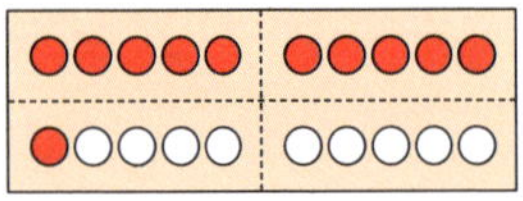

___ − 5 = ___

___ − ___ − ___ = ___

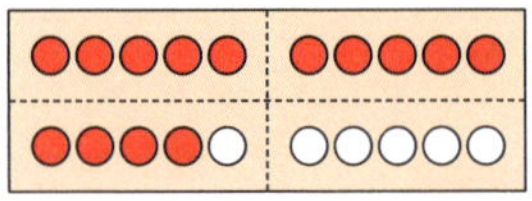

___ − 6 = ___

___ − ___ − ___ = ___

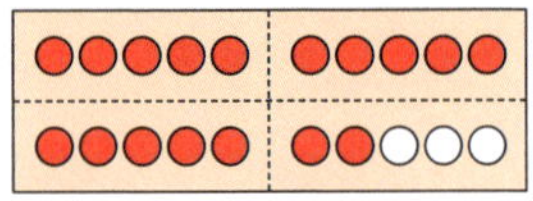

___ − 8 = ___

___ − ___ − ___ = ___

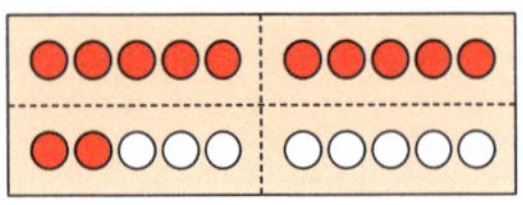

___ − 7 = ___

___ − ___ − ___ = ___

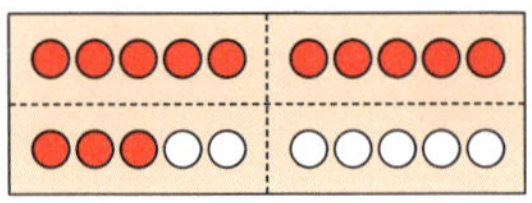

___ − 5 = ___

___ − ___ − ___ = ___

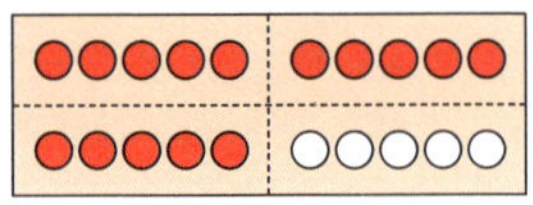

___ − 8 = ___

___ − ___ − ___ = ___

2

12 − 4 = ___

12 − 2 − 2 = ___

13 − 8 = ___

___ − ___ − ___ = ___

15 − 6 = ___

___ − ___ − ___ = ___

13 − 8 = ___

___ − ___ − ___ = ___

17 − 9 = ___

___ − ___ − ___ = ___

15 − 9 = ___

___ − ___ − ___ = ___

3

15 − 8 = ___
___ ___

14 − 6 = ___
___ ___

12 − 8 = ___
___ ___

16 − 9 = ___
___ ___

13 − 8 = ___
___ ___

14 − 6 = ___
___ ___

4

12 − 2 = ___	14 − 4 = ___	16 − 6 = ___
12 − 3 = ___	14 − 5 = ___	16 − 7 = ___
12 − 4 = ___	14 − 6 = ___	16 − 8 = ___

15 − 5 = ___	18 − 8 = ___	13 − 3 = ___
15 − 6 = ___	18 − 9 = ___	13 − 4 = ___
15 − 7 = ___	18 − 10 = ___	13 − 5 = ___

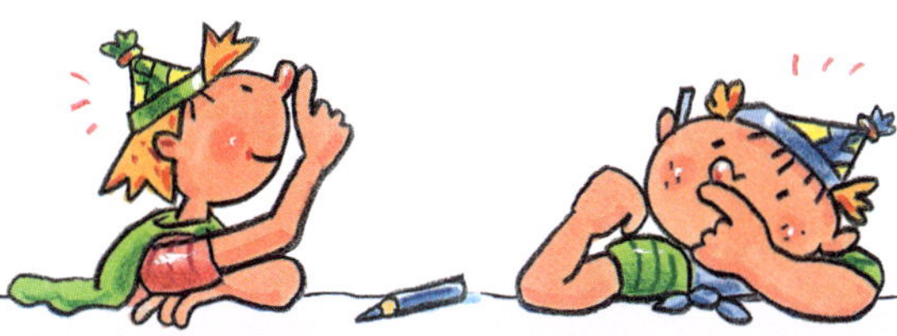

5

16 − 9 = ___	14 − 7 = ___	12 − 7 = ___
13 − 5 = ___	15 − 6 = ___	11 − 9 = ___

① Ergänze zur 10 und rechne weiter.

12

9 + 1	+ ___
8 + 2	+ ___
7 + ___	+ ___
6 + ___	+ ___
5 + ___	+ ___

13

8 + ___	+ ___
9 + ___	+ ___
6 + ___	+ ___
7 + ___	+ ___
5 + ___	+ ___

14

9 + ___	+ ___
8 + ___	+ ___
7 + ___	+ ___
6 + ___	+ ___
5 + ___	+ ___

② Welche Fische gehören zusammen?
Male sie in derselben Farbe an.

9 + 5   14   7 + 9   9 + 7   8 + 7   9 + 1 + 6   16   6 + 4 + 3   13   15   7 + 7   7 + 3 + 6   6 + 7   8 + 5   9 + 6   9 + 1 + 5   8 + 2 + 5   8 + 2 + 3   9 + 1 + 4   7 + 3 + 4

(3) **Färbe Fahnen mit demselben Ergebnis gleich.**

8 + 3	8 + 2 + 2	12
8 + 4	8 + 2 + 1	11
8 + 5	8 + 2 + 3	14
8 + 6	8 + 2 + 5	15
8 + 7	8 + 2 + 4	13

(4) **Welche Anhänger passen zum LKW?**
Verbinde und färbe sie.

6 + 6	6 + 4 + 3	12
6 + 7	6 + 4 + 2	13
6 + 8	6 + 4 + 5	14
6 + 9	6 + 4 + 4	15

Merke dir eine Figur und zeichne sie nach.

Und so wird's gemacht:

Merke dir eine Figur aus der linken Spalte.

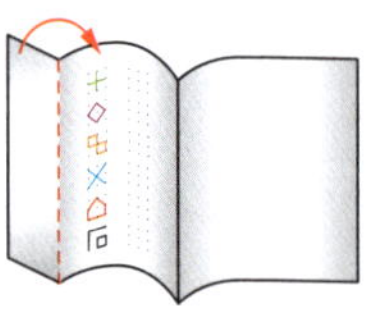

Falte das Blatt entlang der gestrichelten Linie. Decke die Figur zu.

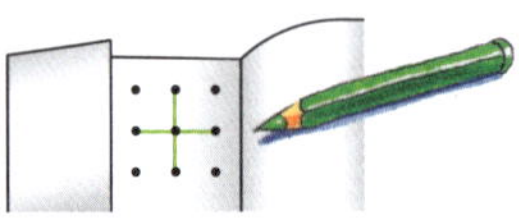

Zeichne sie rechts nach.

Kontrolliere das Ergebnis.

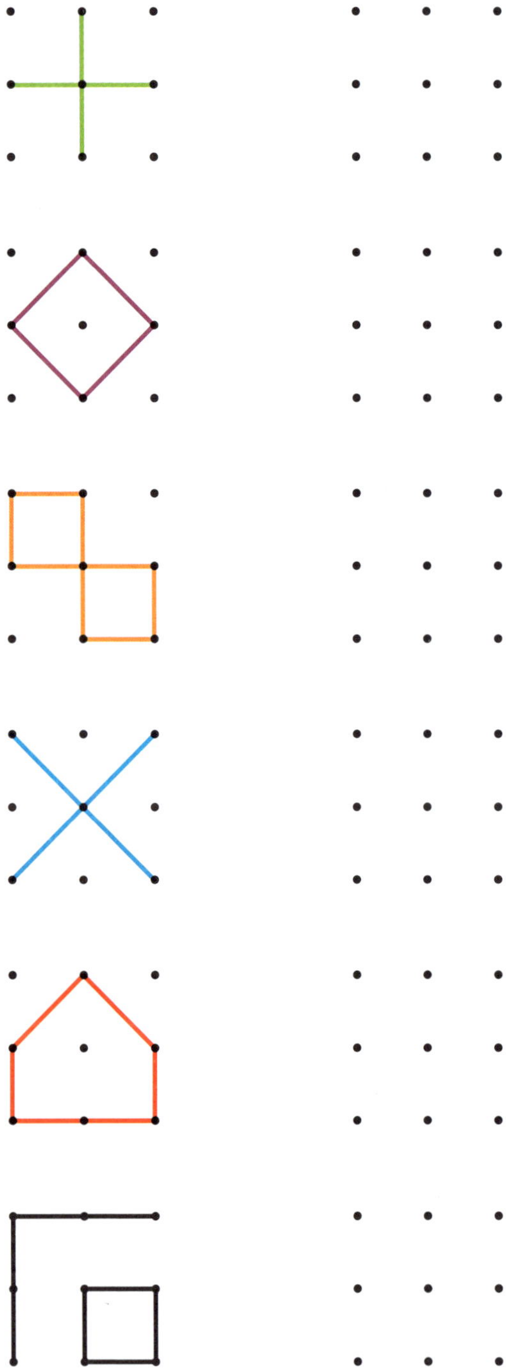